高温 SiC MEMS 传感器的热电特性

Thermoelectrical Effect in SiC for High-Temperature MEMS Sensors

〔澳〕 丁东安 (Toan Dinh)

〔澳〕 阮南中 (Nam-Trung Nguyen) 著

〔澳〕 陶宗越 (Dzung Viet Dao)

王兴华 刘文宝 刘红卫 李兴冀 译

科学出版社

北 京

图字：01-2021-2580 号

内 容 简 介

本书主要介绍了碳化硅（SiC）传感器在高温下热电特性的研究进展。本书可分为三部分，共七章。第一部分从单层 SiC 和多层 SiC 的热阻效应、热电效应、热电子效应和热电容效应等物理效应方面来介绍 SiC 的热电特性；第二部分介绍了 SiC 的诸多重要特征以及 SiC MEMS 的制造流程，总结了 SiC 传感器、热流传感器和对流惯性传感器的最新进展；第三部分论述了 SiC 热电传感器的应用前景。

本书可作为高等院校微电子技术专业本科生及相关专业研究生的参考书，也可作为相关领域工程技术人员的参考资料。

图书在版编目(CIP)数据

高温 SiC MEMS 传感器的热电特性/（澳）丁东安（Toan Dinh），（澳）阮南中（Nam-Trung Nguyen），（澳）陶宗越（Dzung Viet Dao）著；王兴华等译. —北京：科学出版社，2022.6
书名原文：Thermoelectrical Effect in SiC for High-Temperature MEMS Sensors
ISBN 978-7-03-072489-2

Ⅰ.①高… Ⅱ.①丁… ②阮… ③陶… ④王… Ⅲ.①碳化硅热敏电阻器-研究②微机电系统-传感器-热电效应-研究 Ⅳ.①TM54②TH-39

中国版本图书馆 CIP 数据核字（2022）第 100013 号

责任编辑：周 涵 田轶静 / 责任校对：彭珍珍
责任印制：吴兆东 / 封面设计：无极书装

科学出版社 出版
北京东黄城根北街 16 号
邮政编码：100717
http://www.sciencep.com
北京中科印刷有限公司印刷
科学出版社发行 各地新华书店经销
*
2022 年 6 月第 一 版 开本：720×1000 1/16
2025 年 2 月第四次印刷 印张：9 1/4
字数：138 000
定价：88.00 元
（如有印装质量问题，我社负责调换）

原书作者

丁东安（Toan Dinh）
昆士兰微技术和纳米技术中心（QMNC）
格里菲斯大学
布里斯班，QLD，澳大利亚

阮南中（Nam-Trung Nguyen）
昆士兰微技术和纳米技术中心（QMNC）
格里菲斯大学
布里斯班，QLD，澳大利亚

陶宗越（Dzung Viet Dao）
工程与建筑环境学院
格里菲斯大学
南港，QLD，澳大利亚

译 者 序

近年来，硅基微型传感器快速发展，也就是我们熟知的微机电系统（MEMS）。然而，硅的物理特性限制了硅基传感器的部分应用，特别是在高温场合中的应用。以碳化硅（SiC）为代表的第三代半导体材料快速发展，SiC较宽的带隙使其在高温下具有稳定的电学特性，为高温MEMS传感器应用提供了希望。

本书旨在介绍SiC的基本概念、热电特性、MEMS制备与应用等，帮助读者了解SiC传感器高温应用的最新发展。书中以单层SiC和多层SiC的热阻效应、热电效应、热电子效应和热电容效应，综述了SiC传感器最新发展以及未来展望。

本书由军事科学院国防科技创新研究院王兴华老师组织翻译。译者在深刻理解全书内容的基础上力求准确，对于发现的多处笔误和印刷错误进行了更正。翻译过程中，译者得到了科学出版社周涵编辑及其同事的支持和帮助，他们对译稿提出了很多中肯的意见和建议，使译者受益匪浅。在此一并表示感谢！

限于译者水平，译文中疏漏之处在所难免，敬请读者批评指正。

译 者
2021年12月

前　言

　　人们对航空航天传感技术的发展产生了浓厚的兴趣和新的需求。这项技术被用于在恶劣环境中工作的各种系统之间的传感。恶劣条件下的传感应用包括但不限于深空探测、燃烧监测和高超声速飞机的观测。为了保持在恶劣环境行业中使用的仪器的安全性和效率，需要先进的健康监测技术来开发在恶劣环境中可靠运行的传感网络。然而，当前的技术在为微/纳米系统的增长和稳定性提供可持续解决方案方面面临着巨大挑战。例如，由于在恶劣环境中集成传感及电子元件的难度非常大，当前电子系统通常采用昂贵且不准确的间接测量技术。这些技术采用的是传统材料（如硅），不能承受高温和高腐蚀性。

　　此外，包括采矿、石油和天然气，以及地热工业在内的资源部门是全球经济的驱动力之一。石油和天然气输送基础设施正在迅速老化。内部腐蚀和机械应变会导致天然气和石油管道泄漏，导致灾难性故障、死亡、伤害和环境影响。许多传感器技术已被用于监测和事故预防。然而，大多数传感器体积庞大，或也基于硅（Si）等材料，不适合在管道、地热和采矿应用的高温环境中长期运行。因此，对超出硅传感能力的传感技术提出了新的要求。

　　碳化硅（SiC）已被开发用于在恶劣条件下运行的传感系统中，包括高温、高腐蚀、高电压/功率和高频应用。使用 SiC 作为功能传感材料的微机电系统（MEMS）传感器的开发取得了巨大进展。这些传感器已商业化，可承受高达 300℃的温度。最近的一些研究成功证明了 SiC 传感器在 500℃以上高温下的应用，表明使用这种材料在恶劣环境中进行传感具有巨大潜力。

本书重点介绍了高温下在 SiC 中使用高热电特性的 SiC 热传感器的最新发展。SiC 中的热电特性是指 SiC 的电性能随温度变化而发生的变化。本书将以下物理效应的形式介绍热电特性：单层和多层 SiC 层中的热阻效应、热电效应、热电子效应和热电容效应。提到了 SiC 材料的重要特性和 SiC MEMS 的制造工艺。综述了包括温度传感器、热流量传感器和对流惯性传感器在内的 SiC 传感器件的最新发展。本书讨论了 SiC 热电传感器件的未来前景。

布里斯班，澳大利亚   丁东安（Toan Dinh）

布里斯班，澳大利亚   阮南中（Nam-Trung Nguyen）

南港，澳大利亚   陶宗越（Dzung Viet Dao）

致　　谢

作者要感谢澳大利亚格里菲斯大学昆士兰微技术和纳米技术中心（QMNC）及工程与建筑环境学院的支持。作者感谢 QMNC MEMS 组成员对 SiC MEMS 项目的贡献，包括 Hoang-Phuong Phan 博士、Afzaal Qamar 博士、Vivekananthan Balakrishnan 先生、Tuan-Khoa Nguyen 先生、Alan Iacopi 先生、Leonie Hold 女士、Glenn Walker 先生和 Abu Riduan Md Foisal 先生。作者要感谢澳大利亚研究委员会赠款 LP150100153 和 LP160101553 的财政支持。Toan Dinh 感谢格里菲斯大学和西蒙弗雷泽大学 2017 年合作旅行资助计划和 2018 年澳大利亚纳米技术网络（ANN）海外旅行奖学金的支持。感谢所有作者和出版商的慷慨许可，允许重复使用本书中的数字和表格。

目 录

第 1 章　SiC 及热电特性简介

摘　要　本章阐述了 SiC 作为功能半导体材料用于恶劣环境传感器的背景，介绍了常用方法生长的不同 SiC 基本堆叠次序，并聚焦立方 SiC（3C-SiC）及六方 SiC（4H-/6H-SiC）两种类型。本章将介绍 SiC 热电特性对高温条件下检测性能的影响，并指出在恶劣环境中应用 SiC 材料的重要意义。

关键词　SiC、热电特性、MEMS、恶劣环境

1.1　背景

人们对高端航空航天技术的发展一直抱有浓厚的兴趣和不断增长的需求[1]。为维持航空航天工业中仪器、仪表的安全性和工作效率，需要发展先进的健康状态监测技术来开发在恶劣环境中工作的传感网络（如物联网）[2-4]。然而，这些技术在为在恶劣条件下工作的微/纳米系统的增长和稳定性提供可持续的解决方案时却面临着巨大挑战，包括深空探测、燃烧监测和高超声速飞机观测等[5-7]。由于在恶劣环境中集成传感及电子元件的难度非常大[1,8]，当前电子系统通常采用昂贵且不准确的间接测量技术，例如，在航空航天应用中使用的传感和驱动仪器等。然而，常规硅材料通常无法承受高温和高腐蚀性[8,9]，传感技术对超越硅基的传感能力提出了

新的发展需求[10]。图 1.1 所示为不同恶劣环境以及建议使用的 SiC MEMS 传感技术[5]。

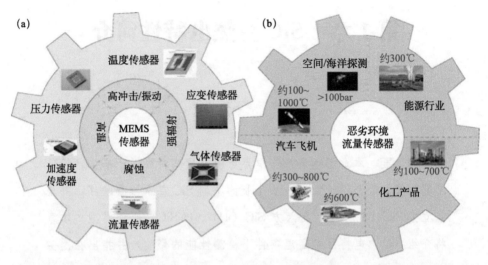

图 1.1　SiC MEMS 传感器及恶劣环境。（a）腐蚀、高温、高冲击/振动及强辐照等恶劣环境中的 SiC MEMS 传感器；（b）SiC MEMS 传感器在高温领域的应用（译者注：1bar=10⁵Pa）。经文献转载许可[5]

　　氮化镓（GaN）和碳化硅（SiC）等宽禁带半导体材料因在恶劣环境中的广泛应用而备受关注[11,12]。其中，SiC 材料在高质量、低成本生长以及与常规微/纳米加工技术（包括微机电系统和集成电路）兼容性方面具有一定优势[13-15]。特别地，Si 原子和 C 原子之间的强共价键，使得 SiC 具有 2830℃的极高升华温度。此外，因为大禁带宽度（3C-SiC 为 2.3eV，6H-SiC 为 3.0eV，4H-SiC 为 3.2eV）可防止高温下材料内部产生本征载流子，高温下 SiC 材料具有优异的电学稳定性[16,17]。上述特性使 SiC 传感器和高温电子器件的发展无须配置主动冷却系统。此外，SiC 材料中的声速高达约 12000m/s，为进一步提高传感器工作带宽提供了可行性[18,19]。优异的化学惰性也使得 SiC 非常适合作为传感元件，以及作为腐蚀性环境（如海水下）设备防护层材料[20,21]。

1.2　SiC

　　SiC 具有一维多态性，被称为多型性，大约有 200 种不同结晶多型体[18,22,23]。这些晶体多型性可通过 Si 和 C 双层膜四面键合的堆积顺序区分。多面体可分为立方（C）、六方（H）和菱形（R）等三种基本晶体学类型。

　　立方碳化硅（3C-SiC）是一种用于传感的常见晶体类型，可通过高质量的工艺制备。它被称为 3C-SiC 或 β-SiC，数字 3 代表层数，其堆积顺序如图 1.2（a）所示。假设 A、B、C 为三层，然后，ABCABC…为其立方

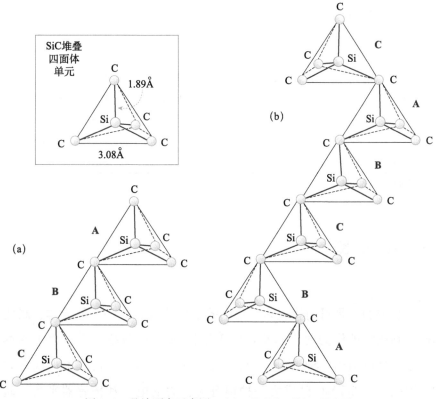

图 1.2　叠放顺序示意图。(a) 3C-SiC；(b) 6H-SiC

闪锌矿晶体结构的堆积顺序。目前，3C-SiC 可在硅晶圆上实现大面积外延生长。然而，硅衬底上生长的 3C-SiC 的缺点是存在晶格失配，3C-SiC 和 Si 之间约有 20％的失配导致生长的薄膜中存在残余应力[24]。

如果 Si 和 C 双层膜的堆积顺序为 ABAB…，则六方为对称形式，即为 2H-SiC。4H-SiC 由等量的立方键和六方键组成，而 6H-SiC 由 2/3 的立方键和 1/3 的六方键组成。图 1.2 （b）为 6H-SiC 的堆积顺序示意图。4H-SiC 和 6H-SiC 都被归类为 α-Si 类型，目前以晶圆形式可在市场上销售。由于 SiC 材料的优异性能和大禁带宽度，开展了大量针对在恶劣环境下运行的 MEMS 器件的最新研究。表 1.1 展示了三种常见 SiC 多型晶体与 MEMS 常规 Si 材料物理特性的对比情况。

表 1.1　SiC 与硅的物理特性对比[13,23]

品质	Si	3C-SiC	4H-SiC	6H-SiC
带隙/eV	1.1	2.4	3.2	3.0
电子迁移率/（cm²/（V·s））	1400	2.4	3.2	3.0
空穴迁移率/（cm²/（V·s））	471	40	115	101
热导率/（W/（cm·K））	1.3	3.6	4.9	4.9
热膨胀系数/（ppm*/K）	26	3.28	3.3	3.35
熔点/K	1690	3103	3103	3103
杨氏模量/GPa	130~180	330~284	—	441~500
密度/（g/cm³）	2.33	3.21	3.21	3.21

* 1ppm＝百万分之一。

1.3　SiC 生长

硅晶圆加工是目前较成熟、集中的半导体技术之一。低成本、高质量的硅晶圆通常被作为衬底材料，用于生长 3C-SiC 薄膜[25,26]。由于硅本身具有立方晶体结构，SiC 薄膜会自发按照晶格结构在硅衬底上形成立方结构。因此，Si/3C-SiC 已成为一种很有吸引力的电子和传感器平台。通常而言，SiC 的生长可基于射频（rf）、磁控溅射、热线化学气相沉积

（CVD）和低压化学气相沉积（LPCVD）等技术实现。上述方法可以生长
单晶、纳米晶（nc-SiC）和非晶（a-SiC）结构，这取决于 SiC 的生长条件和
衬底情况。化学气相沉积过程中，要实现 Si 衬底上生长单晶 SiC 需 1000～
1200℃高温环境，同时提供 Si 和 C 两种前体，如硅烷 SiH$_4$ 和甲烷 CH$_4$。
SiC 薄膜形成取决于生长温度、压力和气体流量等几个关键参数。按照惯
例，单晶 SiC 的生长需要 1000℃以上高温，而 a-SiC 和 nc-SiC 则可在 400～
800℃的温度范围内生长。与其他生长技术相比，LPCVD 需要较高的沉积
温度来分解前驱体源，同时也提高了 SiC 结构的化学秩序和掺杂效率。

　　由于硅具有天然的立方结构，4H-SiC 和 6H-SiC 均无法在立方硅衬底
上生长。这些多型体具有六方结构，通常要在相同类型衬底上才能生长。
4H-SiC 和 6H-SiC 生长温度均非常高，为 1800～2400℃[13]。因此，与 3C-
SiC 相比，硅衬底上生长的 4H-SiC 和 6H-SiC 晶圆成本非常高。第 4 章会
介绍具体的生长过程和细节。为避免衬底泄漏电流，通常在 4H-SiC 晶圆
上形成 p-n 结。因此，这就需要对衬底进行 n 型或 p 型选择性刻蚀，以形
成功能性 4H-SiC 结构。除了制造方面的困难外，复杂的加工过程（如与
4H-SiC 欧姆接触）也对芯片传感系统的开发提出了巨大挑战[27,28]。

1.4　热电特性

　　本征 SiC 材料具有较低的电导率，为实现传感应用并更好地适应电学
测量，通常要对 SiC 进行 n 型或 p 型掺杂[29,30]。热传感器及 MEMS 器件
的电阻率范围一般为 0.01～10^4 Ω·cm。

　　热电特性是指 SiC 电性能随温度变化而变化。图 1.3 所示为热电特性
类型，包括温度对 SiC 电性能的四类主要影响，即热阻效应、热电效应、
热电容效应和热电子效应。其中，热阻效应和热电效应通常在单层 SiC 中
测量，而热电容效应和热电子效应则在多层不同掺杂类型的 SiC 或金属层
与 SiC 层之间进行测量。

图 1.3　热电特性的主要类型

　　SiC 热阻效应的工作原理介绍如下。温度升高时，SiC 的杂质被电离并进一步提升其导电特性。因此，SiC 导电性随着温度的升高逐渐增大，相应的电阻率则随温度升高而减小[31]。然而在高掺杂浓度下，SiC 中所有杂质在室温下即可被电离，导致电导率下降及电阻率上升。电阻随温度的升高而增大是受散射效应所影响。需要注意的是，SiC 的热电性能在 600℃高温下比较稳定，主要是因为较大的禁带宽度会抑制本征载流子产生。随着掺杂技术不断发展，将杂质掺杂到 SiC 微/纳结构中可实现在高温下提供可控的热电性能，也进一步促进了恶劣环境下热传感器的发展[32,33]。

　　热电子概念可应用于多层 SiC 电子结构，如二极管和晶体管等[34,35]。为评估传感领域 SiC 热电子器件的电学性能，通常对器件的电流-电压（I-V）特性进行测试。例如，SiC 器件的电阻值被用来定义 p-n 结电特性的变化（如 n 型 SiC 层和 p 型 SiC 层之间的界面 I-V 特性）。施加恒定的电流时，外界温度变化导致输出电压改变，常被用来评价系统的温度灵敏度。这种电压变化在 4H-SiC 结构中通常是随温度变化而线性变化的。4H-SiC 和 6H-SiC 的 p-n 结以及 4H-SiC 肖特基二极管的灵敏度通常在 1～5mV/K[34,36]。而 3C-SiC 的 p-n 结特性尚未得到充分认识，主要原因可能是 p-n 结质量较差。

　　热电容原理是指电容随温度变化而变化。一般情况下，载流子浓度随温度升高而增大，并进一步导致电容增大[37]。相关研究表明，SiC 热电容效应在高温检测中应用成功的案例不多，与其他热电传感相比并没有明显优势。半导体的热电效应，是指两点之间施加温差时产生的电势差[38]。为了提升产生电源的集电效率，要求泽贝克系数要高，同时导热系数要小。但 SiC 具有较高的导热系数和电阻率，因此其集电性能数值较小。

通过欧姆定律 $R=V/I$ 可以将单个 SiC 膜层的 $I\text{-}V$ 特性转化为电阻。SiC 薄膜的温度灵敏度可通过电阻温度系数（TCR）进行衡量，由电阻相对变化值（$\Delta R/R$）除以温度变化值（ΔT）来定义。SiC 材料电阻温度系数与掺杂浓度有关，重掺杂材料的 TCR 为 2000～5000ppm/K，非晶 SiC 材料的 TCR 为 4000～16000ppm/K，n 型掺杂单晶 3C-SiC 材料 TCR 为 20000ppm/K[39]。

1.5　高温 SiC MEMS 传感器

硅基 MEMS 传感器已成功研制并得到广泛应用。MEMS 技术的典型优势是具有小型化、集成化能力，从而可将多传感器集成在单个芯片内[40]。尺寸小使 MEMS 传感器具有低成本、高灵敏度和快速响应特点。目前，高成熟度硅基 MEMS 传感器已成功研发且部分实现商业化。基于先进刻蚀技术的 MEMS 器件微细加工已经逐步成熟。由于 SiC 和 Si 具有共同的化学和物理性质，常规硅基 MEMS 的表面加工和体微加工技术同样也适用于制造 SiC MEMS 传感器。

除了上述 SiC 与 MEMS 工艺兼容性外，迫切需要开发在高温、高腐蚀性等恶劣环境中工作的 MEMS 传感器。因为具有较大的禁带宽度及优异的化学惰性，SiC MEMS 传感器非常适合上述需求。SiC 材料具有较好的稳定性，使得研制高灵敏度、高温传感器成为可能。SiC 传感器具有良好的传感性能且能直接集成到系统内部，其出现可取代目前的高温间接测量技术，为实时监测结构健康状态提供了可行技术途径。

为实现 SiC 传感器集成到高温系统内部，相关支持设备和结构也必须能在高温下有效工作。因此，只有有效解决高温接触和布线等技术，才能充分集成 SiC 系统并实现在高温下工作。

参 考 文 献

[1] D. G. Senesky, B. Jamshidi, K. B. Cheng, A. P. Pisano, Harsh environment silicon carbide sensors for health and performance monitoring of aerospace systems: a review. IEEE Sens. J. 9, 1472-1478 (2009)

[2] J. A. Erkoyuncu, R. Roy, E. Shehab, P. Wardle, Uncertainty challenges in service cost estimation for product-service systems in the aerospace and defence industries, in Proceedings of the 19th CIRP Design Conference—Competitive Design (2009)

[3] T. Q. Trung, N. E. Lee, Flexible and stretchable physical sensor integrated platforms for wearable human-activity monitoring and personal healthcare. Advanced Materials (2016)

[4] H. Sohn, C. R. Farrar, F. M. Hemez, D. D. Shunk, D. W. Stinemates, B. R. Nadler et al., A Review of Structural Health Monitoring Literature: 1996-2001 (Los Alamos National Laboratory, USA, 2003)

[5] V. Balakrishnan, H.-P. Phan, T. Dinh, D. V. Dao, N.-T. Nguyen, Thermal flow sensors for harsh environments. Sensors 17, 2061 (2017)

[6] Y. Wang, Y. Jia, Q. Chen, Y. Wang, Apassive wireless temperature sensor for harsh environment applications. Sensors 8, 7982-7995 (2008)

[7] H. Kairm, D. Delfin, M. A. I. Shuvo, L. A. Chavez, C. R. Garcia, J. H. Barton et al., Concept and model of a metamaterial-based passive wireless temperature sensor for harsh environment applications. IEEE Sens. J. 15, 1445-1452 (2015)

[8] L. Chen, M. Mehregany, A silicon carbide capacitive pressure sensor for high temperature and harsh environment applications, in Solid-State Sensors, Actuators and Microsystems Conference, 2007. TRANSDUCERS 2007. International (2007), pp. 2597-2600

[9] K. S. Szajda, C. G. Sodini, H. F. Bowman, A low noise, high resolution silicon temperature sensor. IEEE J. Solid-State Circuits 31, 1308-1313 (1996)

[10] R. G. Azevedo, D. G. Jones, A. V. Jog, B. Jamshidi, D. R. Myers, L. Chen et al., A SiC MEMS resonant strain sensor for harsh environment applications. IEEE Sens. J. 7, 568-576 (2007)

[11] M. E. Levinshtein, S. L. Rumyantsev, M. S. Shur, Properties of Advanced Semi-

conductor Materials: GaN, AlN, InN, BN, SiC, SiGe (Wiley, London, 2001)

[12] R. F. Davis, Thin films and devices of diamond, silicon carbide and gallium nitride. Phys. B 185, 1-15 (1993)

[13] J. Casady, R. W. Johnson, Status of silicon carbide (SiC) as a wide-bandgap semiconductor for high-temperature applications: a review. Solid-State Electron 39, 1409-1422 (1996)

[14] M. Mehregany, C. A. Zorman, N. Rajan, C. H. Wu, Silicon carbide MEMS for harsh environments. Proc. IEEE 86, 1594-1609 (1998)

[15] X. She, A. Q. Huang, Ó. Lucía, B. Ozpineci, Review of silicon carbide power devices and their applications. IEEE Trans. Ind. Electron. 64, 8193-8205 (2017)

[16] L. Wang, A. Iacopi, S. Dimitrijev, G. Walker, A. Fernandes, L. Hold et al., Misorientation dependent epilayer tilting and stress distribution in heteroepitaxially grown silicon carbide on silicon (111) substrate. Thin Solid Films 564, 39-44 (2014)

[17] G. L. Harris, Properties of silicon carbide (IET, 1995)

[18] D. Feldman, J. H. Parker Jr., W. Choyke, L. Patrick, Phonon dispersion curves by raman scattering in SiC, Polytypes 3 C, 4 H, 6 H, 1 5 R, and 2 1 R. Phys. Rev. 173, 787 (1968)

[19] G. N. Morscher, A. L. Gyekenyesi, The velocity and attenuation of acoustic emission waves in SiC/SiC composites loaded in tension. Compos. Sci. Technol. 62, 1171-1180 (2002)

[20] K. N. Lee, R. A. Miller, Oxidation behavior of muilite-coated SiC and SiC/SiC composites under thermal cycling between room temperature and 1200—1400℃. J. Am. Ceram. Soc. 79, 620-626 (1996)

[21] L. Shi, C. Sun, P. Gao, F. Zhou, W. Liu, Mechanical properties and wear and corrosion resistance of electrodeposited Ni-Co/SiC nanocomposite coating. Appl. Surf. Sci. 252, 3591-3599 (2006)

[22] D. Barrett, R. Campbell, Electron mobility measurements in SiC polytypes. J. Appl. Phys. 38, 53-55 (1967)

[23] M. Mehregany, C. A. Zorman, SiC MEMS: opportunities and challenges for applications in harsh environments. Thin Solid Films 355, 518-524 (1999)

[24] H. Mukaida, H. Okumura, J. Lee, H. Daimon, E. Sakuma, S. Misawa et al.,

Raman scattering of SiC: estimation of the internal stress in 3C-SiC on Si. J. Appl. Phys. 62, 254-257 (1987)

[25] L. Wang, S. Dimitrijev, J. Han, A. Iacopi, L. Hold, P. Tanner et al., Growth of 3C-SiC on 150-mm Si (100) substrates by alternating supply epitaxy at 1000℃. Thin Solid Films 519, 6443-6446 (2011)

[26] L. Wang, S. Dimitrijev, J. Han, P. Tanner, A. Iacopi, L. Hold, Demonstration of p-type 3C-SiC grown on 150 mm Si (100) substrates by atomic-layer epitaxy at 1000℃. J. Cryst. Growth 329, 67-70 (2011)

[27] F. Roccaforte, F. La Via, V. Raineri, Ohmic contacts to SiC. Int. J. High Speed Electron. Syst. 15, 781-820 (2005)

[28] Z. Wang, W. Liu, C. Wang, Recent progress in ohmic contacts to silicon carbide for hightemperature applications. J. Electron. Mater. 45, 267-284 (2016)

[29] K. Nishi, A. Ikeda, D. Marui, H. Ikenoue, T. Asano, n-and p-Type Doping of 4H-SiC by Wet-Chemical Laser Processing, in Materials Science Forum (2014), pp. 645-648

[30] K. Eto, H. Suo, T. Kato, H. Okumura, Growth of P-type 4H-SiC single crystals by physical vapor transport using aluminum and nitrogen co-doping. J. Cryst. Growth 470, 154-158 (2017)

[31] S. M. Sze, K. K. Ng, Physics of Semiconductor Devices (Wiley, 2006)

[32] P. Wellmann, S. Bushevoy, R. Weingärtner, Evaluation of n-type doping of 4H-SiC and n-/p-type doping of 6H-SiC using absorption measurements. Mater. Sci. Eng., B 80, 352-356 (2001)

[33] A. Kovalevskii, A. Dolbik, S. Voitekh, Effect of doping on the temperature coefficient of resistance of polysilicon films. Russ. Microlectron. 36, 153-158 (2007)

[34] S. Rao, G. Pangallo, F. G. Della Corte, 4H-SiC pin diode as highly linear temperature sensor. IEEE Trans. Electron Devices 63, 414-418 (2016)

[35] S. Rao, G. Pangallo, F. Pezzimenti, F. G. Della Corte, High-performance temperature sensor based on 4H-SiC schottky diodes. IEEE Electron Device Lett. 36, 720-722 (2015)

[36] S. B. Hou, P. E. Hellström, C. M. Zetterling, M. Östling, 4H-SiC PIN diode as high temperature multifunction sensor, in Materials Science Forum (2017), pp. 630-633

[37] S. Zhao，G. Lioliou，A. Barnett，Temperature dependence of commercial 4H-SiC UV Schottky photodiodes for X-ray detection and spectroscopy. Nucl. Instrum. Methods Phys. Res.，Sect. A 859，76-82 (2017)

[38] S. Fukuda，T. Kato，Y. Okamoto，H. Nakatsugawa，H. Kitagawa，S. Yamaguchi，Thermoelectric properties of single-crystalline SiC and dense sintered SiC for self-cooling devices. Jpn. J. Appl. Phys. 50，031301 (2011)

[39] T. Dinh，H. -P. Phan，A. Qamar，P. Woodfield，N. -T. Nguyen，D. V. Dao，Thermoresistive effect for advanced thermal sensors：fundamentals，design considerations，and applications. J. Microelectromech. Syst. (2017)

[40] J. W. Gardner，V. K. Varadan，O. O. Awadelkarim，Microsensors，MEMS，and Smart Devices，vol. 1 (Wiley Online Library，2001)

第 2 章　SiC 热电特性基础

摘　要　本章将探讨包括单晶、多晶和非晶各种晶态下与 SiC 材料的热阻效应相关的基础知识，并总结了热电容效应和热电效应。此外，在异质结构的单层和双层 SiC 热电子学效应表征方面的最新进展以及 SiC 材料与温度相关的其他方面的电学特性也会有提及。

关键词　热电效应、热阻效应、热电、热电子、热电容

2.1　热阻效应

碳化硅的热阻效应是指其电阻值随着温度变化这一现象。总体上 SiC 薄膜材料的电阻值 R 可以由下式表示：

$$R = \rho \frac{l}{wt} \tag{2.1}$$

式中，ρ 是材料的电阻率；l，w 和 t 分别是 SiC 薄膜材料长、宽和厚度。由公式（2.1）可以看出，电阻的微小变化量取决于电阻率和几何尺寸的变化[1,2]：

$$\frac{\Delta R}{R} = \frac{\Delta \rho}{\rho} + \frac{\Delta l}{l} - \frac{\Delta w}{w} - \frac{\Delta t}{t} \tag{2.2}$$

式中，$\Delta\rho/\rho$ 是电阻率的相对变化量；$\Delta l/l$，$\Delta w/w$ 和 $\Delta t/t$ 是 SiC 薄膜材料的长、宽和厚度的相对变化。由温度变化 ΔT 引起的几何尺寸的变化可以

表示成 $\Delta l/l = \Delta w/w = \Delta t/t = \alpha \Delta T$，其中，$\alpha$ 是 SiC 的热膨胀系数（TEC）；$\Delta T = T - T_0$ 是温度的变化量，T 和 T_0 分别是绝对温度和参考温度（典型的参考温度如室温）。因此，公式（2.2）可以被改写成如下形式：

$$\frac{\Delta R}{R} = \frac{\Delta \rho}{\rho} - \alpha \Delta T \tag{2.3}$$

由公式（2.3）可以得到如下的电阻温度系数（TCR）[3]：

$$\text{TCR} = \frac{\Delta R}{R} \frac{1}{\Delta T} = \frac{\Delta \rho}{\rho} \frac{1}{\Delta T} - \alpha \tag{2.4}$$

包括金属在内的传统热传感材料的 TCR 通常是 3900～6800ppm/K，而 TEC 则小于 30ppm/K[4,5]，相比之下对 TCR 的贡献率不超过 0.61%（请见表 2.1）。所以为了计算简便，在计算 TCR 的时候 TEC 的影响可以忽略。此外，几何尺寸对 TCR 的贡献小于 5ppm/K，而用于热传感的半导体材料的 TCR 典型值通常是几千到几万 ppm/K，其取值取决于温度范围、掺杂和晶体结构。举例而言，硅材料的 TCR=−6000ppm/K[6]，其几何尺寸的贡献是 2.6ppm/K，对应的误差是 0.04%。因此，对于热传感用途而言，材料的几何尺寸效应可以忽略。表 2.1 给出了用于热传感的单晶 SiC 与传统金属的 TCR 的对比。

表 2.1　单晶 SiC 与金属热电阻特性对比[4,5,7]

材料	电阻率/ （×$10^{-8}\Omega \cdot$m）	TCR/ （ppm/K）	热膨胀系数， α/（ppm/K）	热膨胀贡献/%
Nickel（Ni）	6.84	6810	12.7	0.19
Iron（Fe）	9.71	6510	10.6	0.16
Tungsten（W）	5.5	4600	4.3	0.09
Copper（Cu）	1.67	4300	16.8	0.39
Aluminium（Al）	2.69	4200	25.5	0.61
Silver（Ag）	1.63	4100	18.8	0.46
Platinum（Pt）	10.6	3920	8.9	0.23
Gold（Au）	2.3	3900	14.3	0.37
Molybdenum（Mo）	5.57	4820	4.8	0.10
Silicon carbide	1.4×10^5	−5500	4.0	0.07

2.1.1　半导体材料的物理参数与基本概念

能带的带隙是指导带（conduction band，CB）和价带（valence band，VB）之间最小的能量差[8,9]。如果用 E_C 和 E_V 代表导带底和价带顶的能级，那带隙就可以表示成 $E_G = E_C - E_V$。费米能级（Fermi level）是一个假想的电子能级，它代表热平衡状态下介于 E_C 和 E_V 之间，电子占据概率为 50% 的能级。半导体材料可以分为本征半导体和非本征半导体两类。

本征半导体是指纯净的半导体晶体，其中电子浓度与空穴浓度相等（$n = p$），并且没有电离杂质。在定义了本征半导体的概念之后，就可以引出非本征半导体，也就是电子浓度和空穴浓度不等的半导体材料。非本征半导体包括费米能级更靠近导带的 n 型半导体（$n > p$）和费米能级更靠近价带的 p 型半导体（$p > n$）两种，如图 2.1（a）和（b）所示，分别表示了 n 型和 p 型半导体材料中的带隙和费米能级。

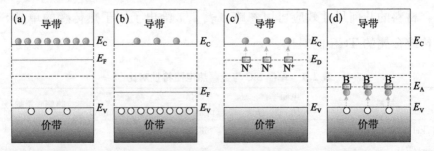

图 2.1　能带图。（a）n 型半导体的费米能级；（b）p 型半导体的费米能级；（c）n 型半导体材料中的施主能级；（d）p 型半导体中的受主能级

电子杂质可以分为两类，分别是 n 型施主（donor）杂质和 p 型受主（acceptor）杂质，其对应的能级是施主能级（E_D）和受主能级（E_A）。如果施主能级和受主能级完全被电子所占据，那整体分别呈电中性和负电性。当一个电子从杂质能级跃迁到导带，或者一个空穴从杂质能级跃迁到价带的时候需要一个特定的能量，这个能量称为激活能（activation energy）。施主的激活能可以表示成 $E_d = E_C - E_D$，相应的受主的激活能表

示成 $E_a = E_A - E_D$。图 2.1（c）和（d）是 n 型半导体施主能级和 p 型半导体受主能级的能带示意图。

2.1.2　单晶碳化硅

通常认为单晶碳化硅的电阻率与载流子浓度和迁移率的关系如下[8,9]：

$$\frac{1}{\rho} = \sigma = qn\mu_e + qp\mu_h \tag{2.5}$$

式中，σ 是电导率；q 是电子电量；n 和 p 分别是电子和空穴浓度；μ_e 和 μ_h 是电子和空穴的迁移率。

在处于低温区（低于室温）的非本征半导体中，载流子主要由热激发产生，并跃迁到导带上，其载流子浓度可以表示成如下形式[7,10]：

$$n \sim T^\alpha \exp\left(\frac{E_d}{kT}\right) \tag{2.6}$$

式中，E_d 是激活能；α 是常数（对于 n 型硅来说是 3/2）；k 是玻尔兹曼常量。此外晶格散射引起的迁移率退化具有如下的关系[7,11,12]：

$$\mu \sim T^\beta \tag{2.7}$$

其中 β 是常数，对于非本征硅来说 $\beta = 3/2$。从式（2.5）～（2.7）可以看出，电阻率对温度的依赖关系可以表示成[7]

$$\rho \sim T^{\alpha-\beta} \exp\left(\frac{E_d}{kT}\right) \tag{2.8}$$

对于很多半导体，α 和 β 有同样的取值，电阻率也就相应地与指数相关，$\rho \sim \exp(E_d/kT)$。因此，电阻率与温度的依赖关系变为

$$\ln(\rho) = \frac{E_d}{k} \times \frac{1}{T} \tag{2.9}$$

如图 2.2，在非本征区域，电阻率以斜率 E_d/kT 降低；在类金属区域（较高温情况下），载流子的浓度保持稳定，而迁移率退化，导致电阻率增加；在本征情况下（高温），材料的化学键断裂，导致载流子浓度大幅增加，在这个区域中电阻率与温度的依赖关系是 $\rho \sim \rho_0 \exp(E_g/2kT)$，即电阻率以

斜率 $E_g/2kT$ 降低。图 2.3 是单晶碳化硅产生载流子以进行温度传感的原理示意图。

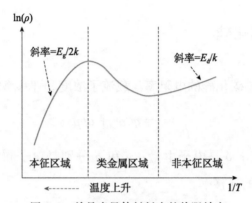

图 2.2　单晶半导体材料中的热阻效应

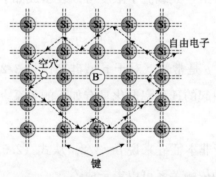

图 2.3　单晶半导体材料中热阻效应的载流子产生机制

对于温度传感器而言，典型的电阻随温度的变化关系可以用下式表示[13,14]：

$$R = A \exp\left[B\left(\frac{1}{T} - \frac{1}{T_0} \right) \right] \tag{2.10}$$

式中，A 和 B 分别是一个常数和温度指数。温度指数 B 是用来评价热阻型温度传感器温度传感效果的物理量，对于本征半导体，B 可以用 $E_g/2kT$ 来计算，而对于掺杂半导体可以用 E_d/kT 来计算。B 与 TCR 之间的关系可以表示成 $B = -\text{TCR} \times T^2$ [14,15]。

2.1.3　多晶碳化硅

多晶材料与单晶的不同之处在于它是由众多单晶的晶粒构成的，单晶晶粒之间存在晶粒间界。多晶中的晶粒间界和缺陷决定了材料电阻率的大小。多晶内部的晶粒间界会捕获其周围的载流子，从而形成晶粒间的势垒[16]。这些势垒会阻碍载流子在电场作用下越过势垒的移动过程，从而降低载流子的迁移率。因此，多晶材料的总电阻包括了单晶的电阻和晶粒间界的电阻（$R = R_{Boundary} + R_{Crystallite}$），并以后者占据主导地位[17]。一种近似方法是可以认为多晶材料的电阻值只需考虑晶粒间界电阻的贡献。

晶粒间界的电阻依赖于由热电子发射和场发射（隧穿效应）这两种机制产生的温度变化（图 2.4）。热电子发射是指载流子由于能量较高而越过势垒的输运机理。另一些能量较低的载流子可以通过量子隧穿效应越过势垒[18,19]。如果势垒宽度足够窄、高度足够高，则隧穿电流可以和热电子电流相当，甚至大于热电子电流。然而高掺杂的多晶材料晶粒间界势垒高度较低，因此，热电子发射机制将占据主导地位。多晶材料的电阻随温度变化的公式可以用下式表示[20,21]：

$$R = A \exp\left(\frac{\phi}{kT}\right) \tag{2.11}$$

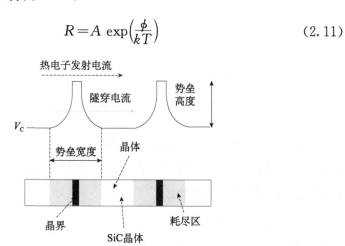

图 2.4　多晶材料中的热电阻机制

　　值得注意的是，在多晶金属中，可以通过控制晶粒尺寸来调整 TCR 的正负号。这是由于多晶金属的 TCR 是由晶粒内单晶的正 TCR 值与晶粒间界的负 TCR 值共同组成。随着晶粒尺寸减小，晶粒间界的数量越来越多[22]，因此，如果金属体材料的 TCR 值小于体材料平均自由程的温度系数，TCR 将变为负值。

2.1.4　非晶碳化硅

　　非晶半导体的能带介于局域态和扩展态之间，称为迁移率边[11,23]。这些状态的态密度（DOS）可以是常数、温度的抛物线函数或指数函数。非晶材料的电阻随温度变化的公式可以用下式表示：

$$\sigma = \sigma_0 \exp\left[-\left(\frac{E_a}{kT}\right)^{\beta}\right] \tag{2.12}$$

式中，E_a 表示激发态能量；k 是玻尔兹曼常量。根据变程跳跃理论，态密度函数视作常数，β 的值为 $1/4^{[24,25]}$。低温下，态密度呈抛物线分布，此时 β 的值为 $1/2$。温度足够高时，局域能带和局域能带带尾间的电子跃迁对 $\beta=1$ 的非晶材料的温变电导率起到重要的作用，这表明电子的激发态位于迁移率边[26]。

2.2　热电子效应

　　热电子效应是指半导体结的电性能随温度变化而发生改变。典型的温度感应元件包括 p-n 结二极管、肖特基二极管和晶体管。本节主要介绍温度对 p-n 结的伏安特性的影响。

　　半导体 p-n 结的能带图如图 2.5 所示[9]。无外加电场时，内建电场 E_0 维持扩散电流（n-p）和漂移电流（p-n）的平衡，保证了两个电极之间的净电流为零。扩散电流的公式为 $J_0 = B \exp[-eV_0/kT]$。在正向偏置中，

势垒降低到 $q(E_0-E)$，产生了由 n 区到 p 区的扩散电流，其大小为 $J_0 = B\exp[-e(V_0-V)/kT]$。正向偏置电流公式可以用下式表示[9,27]：

$$J = J_0\left[\exp\left(\frac{eV}{kT}\right) - 1\right] \tag{2.13}$$

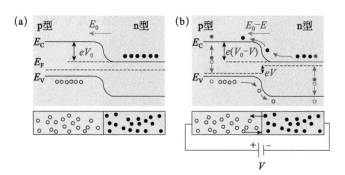

图 2.5　正向偏置下的 p-n 热电结感应机制。（a）内建电势下的 p-n 结能带图；（b）正向偏置，激发温度时载流子的产生

　　温度升高时，在外加电场的作用下，载流子被激发并在电极上汇集（图 2.5（b））。反向偏置时，$V = -V_r$，扩散电流非常小，值为 $J_0 = B\exp[-e(V_0+V_r)/kT]$。图 2.6（a）所示是反向偏置下的 p-n 结能带图。温度上升时，热能在耗尽层、n 型材料和 p 型材料中产生电子-空穴对，而电子和空穴在电场的作用下到达电极，这就是反向电流 J 的产生过程（图 2.6（b））。

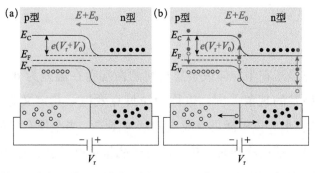

图 2.6　反向偏置下的 p-n 热电结感应机制。（a）内建电势与外加反向偏置共同作用下的 p-n 结能带图；（b）反向偏置，激发温度时载流子的产生

2.3　热电容效应

p-n 结或肖特基二极管可视作平行板电容器，因为宽度为 W 的耗尽层将正负电荷分割开来。耗尽层宽度 W 定义为[28]

$$W = \left[\frac{2\varepsilon(N_a + N_d)(V_0 - V)}{eN_a N_d} \right]^{1/2} \tag{2.14}$$

耗尽层的电容定义为

$$C_{dep} = \frac{\varepsilon A}{W} = \frac{A}{(V_0 - V)^{1/2}} \left[\frac{e\varepsilon(N_a N_d)}{2(N_a + N_d)} \right]^{1/2} \tag{2.15}$$

式中，ε 是半导体的介电常量；N_a 和 N_d 分别是施主和受主的浓度。结电容的值与外加电压 V 的关系密切。比如在反向偏置下，耗尽层宽度增加，结电容值减小。热电容效应是指结电容值随温度变化而改变的现象。由于载流子浓度在外界热能的作用下会升高，结电容会随着温度的升高而增加。随温度变化的介电常量也可以在结电容的变化过程中起一定作用。结电容效应曾被用于流量传感器[29]。其原理是温度依赖的介电常量可以改变电容值，因此电容的变化反映了流速的变化。

2.4　热电效应

热电效应是指在半导体或金属材料的两端存在温差为 dT 时，两端产生 dV 的电势差的现象[30,31]，也称为泽贝克效应，其定义为 $S = dV/dT$。图 2.7 是金属/半导体中泽贝克效应的示意图[9]。当金属/半导体材料的一端被加热而另一端被冷却时，热端的电子能量更高并会扩散到冷端，从而使热端产生更多的正离子，而在冷端产生更多电子，两端的电势差即为泽贝克电势。表 2.2 给出了 SiC 以及一些常见金属的泽贝克系数。

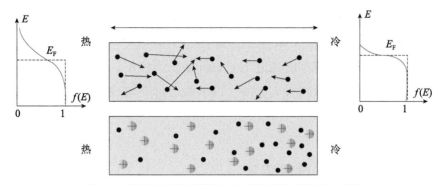

图 2.7　泽贝克效应示意图，温度的梯度产生了电势差

表 2.2　金属材料的泽贝克系数[9,32-35]

材料	泽贝克系数 @ 0℃/（μV/K）	泽贝克系数 @ 25℃/（μV/K）	E_F/eV
Al	−1.6	−1.8	11.6
Au	+1.79	+1.94	5.5
Cu	+1.70	+1.84	7.0
K	—	−12.5	2.0
Li	+14		4.7
Mg	−1.3		7.1
Na	—	−5	3.1
Pd	−9	−9.99	—
Pt	−4.45	−5.28	—
SiC	—	10～100	—

2.5　高温下 SiC 热电特性的研究现状

　　由于其拥有较大的禁带宽度和优秀的传感性能[36-38]，SiC 已成为高温下 MEMS 热传感器研究领域的热门对象。对单晶 SiC 而言，可通过温度对载流子浓度和载流子迁移率的影响研究热阻效应。例如，p 型 3C-SiC 中空穴的迁移率受到声学声子散射（高于 300K）以及电离杂质散射（低于 250K）的影响，并遵循 $\mu \sim -T^{-\beta}$ 的规律，其中 β 取值范围为 1.2～1.4。载流子的浓度随温度升高而增加，关系满足 $n \sim \exp(-E_d/kT)$，E_d 在不同的多晶 SiC 中取值变化范围较大。因此，TCR 通常为负值，但是在高掺杂

的 3C-SiC 材料中，在高温条件下散射占据主导地位，其 TCR 为正值
（400～7200ppm/K）[39-41]。近年来，SiC 薄膜的质量已得到显著提升，且
一些可降低 SiC 晶圆成本的先进工艺也开始投入使用。因此，对 SiC 的热
电性能的表征方面已取得巨大进步。以下章节将介绍 SiC 在高温传感器中
的研究现状。

2.5.1　热电效应的试验装置

图 2.8 展示了高温条件下传统的表征热电效应的试验装置[11,38]。加热
器被放置在封闭腔体内，可将系统加热至 600℃ 的高温。将 SiC 样品用夹
具固定在加热器的顶部，并用探针电极按压住 SiC 传感器，使探针的电学
测量单元与传感器形成良好接触，也可用引线键合的方式进行连接。为了保
证测试的准确性，需要在 SiC 传感器的顶部再放一个温度传感器作为参考。
由于该装置并不需要承受高温的支撑部件，因此比使用加热箱更具优势。

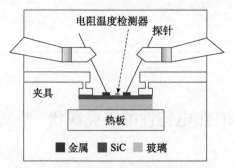

图 2.8　高温条件下表征热电效应的试验装置[11,38]

2.5.2　单层 SiC 的热阻效应

非晶 SiC[11]

在 650℃ 的低压化学气相沉积（LPCVD）条件下，在熔融的石英衬底

（1ft^{2}[①]，2mm 厚）上可以生长 SiC 薄膜[11]，具体是使用单甲基硅烷前质（H$_3$SiCH$_3$）在 9.5sccm（标准 cm^3/min）条件下以 0.6Pa 的压力在 SiC 薄膜上沉积 10 小时。制得的非晶 SiC 薄膜厚度通过椭圆偏振法测量为（95±3）nm。通过图 2.9 可以看出，非晶 SiC（a-SiC）在玻璃上的透射光谱范围为 200～1100nm。图中左下角坐标为（$\alpha h\upsilon$）$^{1/2}$ 和 $h\upsilon$（α，h 和 υ 分别代表光学吸收系数、普朗克常量和频率）的关系图表明非晶 SiC 薄膜的光学禁带宽度为 3.5eV。吸收系数的数量级为 10^{5}cm^{-1}（图 2.9 右上插图）。用热探针电压的极性导电性测试结果显示 SiC 薄膜的半导体类型为非故意掺杂的 n 型。

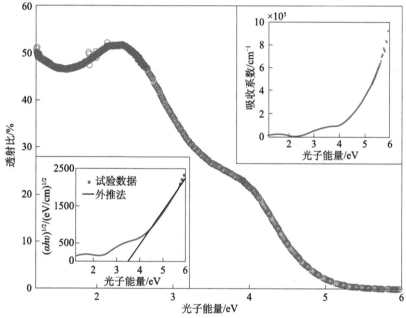

图 2.9　玻璃上非晶 SiC 的透射光谱
左下插图为 a-SiC 的光学禁带宽度，右上插图为玻璃上 a-SiC 的吸收系数

图 2.10（a）表明，a-SiC 的电阻随温度的升高而降低，其依赖关系如式（2.16）所示[25,26]

$$R \sim \exp\left(\frac{-E_a}{k_B T}\right) \tag{2.16}$$

---

① 1ft=3.048×10^{-1}m。

式中，E_a 和 k_B 分别是激活能和玻尔兹曼常量。图 2.10（b）中描述了电导率随温度变化的关系，即 $-\ln(\sigma/\sigma_0) = E_a(k_BT)^{-1} - b$，其中 σ 和 σ_0 分别是 a-SiC 薄膜在温度 T 和参考温度 T_0 时的电导率，b 是常数。在低于 450K 和高于 450K 的温度范围中我们用两条拟合曲线分别对应 150meV 和 250meV 的激活能阈值[11,42]。激活能随温度的升高而增加的关系表明电离施主能态在高温下占据主导地位。其 TCR 可用式（2.17）来近似表示：

$$ \text{TCR} = \frac{\Delta R}{R}\frac{1}{\Delta T} = \frac{\exp\left[E_a\left(\dfrac{1}{k_BT} - \dfrac{1}{k_BT_0}\right)\right] - 1}{T - T_0} \qquad (2.17) $$

式中，$\Delta R/R$ 代表电阻变化率；$T - T_0$ 代表温差。图 2.10（c）是整个温度范围内电阻变化率与 TCR 随温度变化的关系图。例如，当 TCR 在 $-16000 \sim -4000$ppm/K 范围内时，580K 时 $\Delta R/R$ 为 96%，这说明与传统温度传感材料相比，a-SiC 的灵敏度更高[13-15,43,44]。

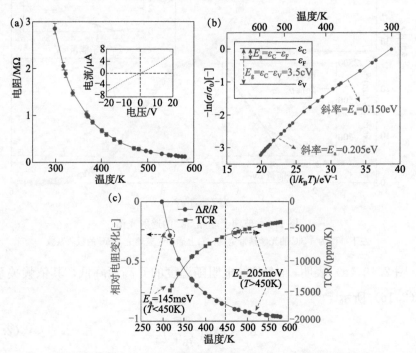

图 2.10 a-SiC 的热阻效应。（a）电阻随温度的变化关系，插图为 25℃室温下 a-SiC 的实测伏安关系；（b）a-SiC 热阻的阿伦尼乌斯关系图，插图是非故意掺杂的 n 型 a-SiC 的能带结构示意图；（c）a-SiC 薄膜的相对电阻变化和 TCR 与温度的依赖关系图

硅衬底上的 n 型高掺杂单晶 3C-SiC[45]

在 1250℃的温度条件下，在 625μm 厚的 p 型（100）晶向的硅晶圆上使用低压化学气相沉积的方法可以生长出 600nm 厚的 SiC 纳米薄膜[45]。这个生长了 SiC 的硅晶圆直径为 150mm。SiC 薄膜的生长使用了硅烷 SiH_4 和丙烯 C_3H_6 两种前质气体，而 $10^{19}\,cm^{-1}$ 掺杂浓度的 n 型原位掺杂 SiC 薄膜的制备过程中则使用了氨（NH_3）。

图 2.11（a）是 SiC 温度传感器的伏安特性曲线图，结果表明电极形成了非常好的欧姆接触[45]。图 2.11（b）是 SiC 的电阻对温度的依赖关系图，其阻值由 25℃时的 684Ω 升至 120℃时的 700Ω[45]。阻值随着温度的上升而出现线性增长，两者的关系可用式（2.18）表示：

$$R = R_0 + \alpha(T - T_0) \tag{2.18}$$

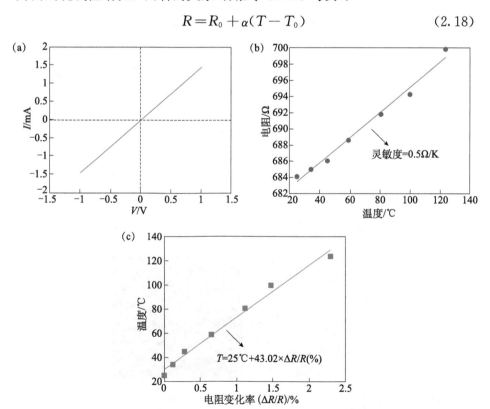

图 2.11　高掺杂 SiC 纳米薄膜热阻效应。（a）室温下 SiC 伏安特性曲线；（b）SiC 阻值与温度的关系；（c）SiC 电阻变化率与温度的关系[45]

其中 R_0 和 R 分别为室温 T_0（25℃）和高温 T 下的电阻值。通过拟合曲线计算出 SiC 热电阻阻值随温度的变化率为 $0.5\Omega/K$。对于温度传感 SiC 器件而言，温度与相对电阻变化关系可用式 $T=25℃+43.02\times\Delta R/R(\%)$ 表示（图 2.11（c））[45]。高掺杂 SiC 的 TCR 通常较低，约为 250ppm/K。但仍需要更多的试验来表征高温（大于 600℃）下 n 型高掺杂 SiC 的热阻特性。

p 型单晶 3C-SiC[7]

在 1273K 条件下，使用 LPCVD 方法可以在一片（100）晶向硅衬底上生长厚约 280nm 的 p 型 3C-SiC 薄膜。制备 p 型 SiC 半导体的过程中分别使用硅烷 SiH_4 和丙烯 C_3H_6 作为前质气体，并加入三甲基铝 $[(CH_3)_3Al，TMAl]$。图 2.12（a）为生成的 SiC 薄膜 X 射线衍射（XRD）谱，半峰全宽（FWHM）处的值约为 $0.8°$（图 2.12（b））。此外，图 2.12（c）为透射电镜（TEM）照片，其表明 SiC 和 Si 接触面间存在堆垛层错。图 2.12（d）为选区电子衍射（SAED）图，其表征了单晶 SiC 薄膜的特性。

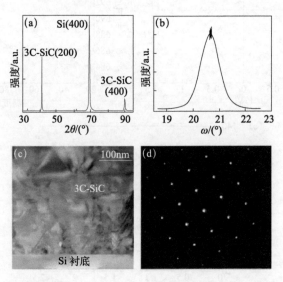

图 2.12 3C-SiC 材料特性表征。（a）生长在（100）硅衬底上的 p 型 3C-SiC 的 X 射线衍射图像；（b）3C-SiC 摇摆曲线；（c）3C-SiC 的 TEM 照片；（d）3C-SiC 的 SAED 图像。来源于参考文献 [46]，版权归 AIP Publishing LLC 所有

图 2.13（a）为温度最高为 600K 时的电阻变化图。图中结果表明，600K 时，阻值下降达到 80%。图 2.13（b）为 TCR 与温度的关系图，其中 TCR 范围为 -2400～-5500ppm/K。该 TCR 可与例如铂（3920ppm/K）这种传统热敏材料相媲美。空穴浓度随温度的上升而增加的现象产生了 p 型 3C-SiC 的热阻效应。因此，室温下该材料 TCR 较大，并且随温度的升高而减小，这是自由空穴的完全电离以及空穴迁移率的下降造成的。空穴浓度与温度的关系可用下式表示[8,47]：

$$n \sim T^{3/2} \exp\left(\frac{E_a}{kT}\right) \tag{2.19}$$

其中 k 和 E_a 分别为玻尔兹曼常量和激发态能量。空穴迁移率随温度的升高而降低的关系可用下式表示[8,12,48]：

$$\mu \sim T^{-\alpha} \tag{2.20}$$

其中 α 为试验常数。SiC 传感器的电阻值可用式（2.21）表示：

$$\rho = \frac{1}{q\mu n} \sim T^{\alpha-3/2} \exp\left(\frac{E_a}{kT}\right) \tag{2.21}$$

因此 SiC 阻值的变化率可用下式表示：

$$\ln\left(\frac{R}{R_0}\right) = \left(\alpha - \frac{3}{2}\right) \ln\left(\frac{T}{T_0}\right) + E_a\left(\frac{1}{kT} - \frac{1}{kT_0}\right) \tag{2.22}$$

其中 R_0 和 R 分别为参考温度 T_0 和温度 T 下的阻值。图 2.13（c）为带有拟合曲线的 p 型 3C-SiC 阿伦尼乌斯图。低于和高于 450K 的激发态能量分别为 45meV 和 52meV。空穴迁移率常数约为 1.2。由于载流子浓度高达 $5 \times 10^{18} cm^{-3}$，因此室温下杂质部分电离，且费米能级更靠近价带[49]。对高温下的 3C-SiC 热阻性能的研究为高温下高灵敏度热传感器的发展奠定了坚实的基础。

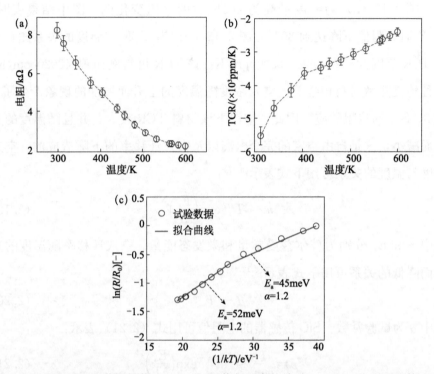

图 2.13　p 型 3C-SiC 热阻性能。（a）SiC 阻值与温度的关系；（b）p 型 3C-SiC 的 TCR 图；（c）p 型 SiC 阿伦尼乌斯图

非故意掺杂 3C-SiC[38]

在 1000℃条件下，使用 LPCVD 方法在一片（111）硅衬底上生长单晶立方型 SiC。SiH_4 和 C_3H_6 的两种交替前质用于提供生长过程中的碳原子。由于标准生长过程中出现了残余的氮气，澳大利亚格里菲斯大学的昆士兰微技术和纳米技术中心的研究人员意外地在硅薄膜上生长出非故意 n 型掺杂 SiC。

迄今为止，已经可以在硅衬底上生长出高质量的 3C-SiC，以制备大面积、低成本的 SiC 晶圆。然而，随着温度的升高，硅衬底上出现了较大的漏电流[48]，抑制了高温 SiC 传感器的发展。因此，需要将 SiC 薄膜转移到绝缘体上以避免漏电流的出现。鉴于此，在 137kPa 的压力与 1000V 的偏压下，将 SiC 薄膜利用离子键合技术转移到玻璃衬底上。SiC 和玻璃间的键合可承受 20MPa 的最大应力。机械抛光和湿刻蚀法可移除硅层。图 2.14 (a) 为使用阳极键合法将 SiC 与玻璃键合的示意图。SiC 材料的拉曼光谱如图 2.14 (b) 所示，图中两个波峰值分别为 797cm^{-1} 和 965cm^{-1}，两个数值分别对应 3C-SiC 材料的横光学（TO）模式和纵光学（LO）模式[50,51]，该图同时也反映出 SiC 薄膜的其他性质[52,53]。

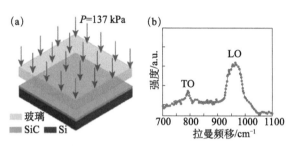

图 2.14　(a) 通过阳极键合法将非故意 n 型掺杂 SiC 薄膜转移到玻璃衬底示意图；(b) 玻璃衬底上的 SiC 拉曼光谱图

图 2.15 (a) 为不同温度下 SiC 材料的线性伏安特性曲线。外加电压恒为 1V，当温度从 297K 升至 803K 时，电流从 16.2μA 增至 427.35μA，这表明 SiC 的热激活电导随温度的上升而升高。电导率的温度系数（TCC）可定义为 $S_\sigma = \Delta\sigma/\sigma_0 \times 1/\Delta T = (I-I_0)/I_0 \times 1/\Delta T$。例如，当温度从 297K 升至 800K 时，TCC 值增加至原先的 2.65 倍，从 19550ppm/K 升至 51780ppm/K（图 2.15 (b)）。SiC 的 TCC 值比金属或硅这些传统热传感器材料更高[3,4,54]。非常高的 TCC 值也引起了工业界将非故意掺杂 SiC 膜应用于热传感器的兴趣。图 2.15 (c) 为 SiC 传感器随温度变化的实时响应图。

SiC 的电阻之所以会随温度变化而变化，是由于电子浓度和电子迁移率发生了变化。电子迁移率定义为：$\mu = (1/\mu_l + 1/\mu_i)^{-1}$，其中 μ_l 代表晶格散射，μ_i 代表电离杂质散射。由于是非故意掺杂 SiC，因此当温度超过 300K 时，可忽略电离杂质散射 μ_i 的影响。由声学声子散射带来的电子迁移率的下降，在 SiC 电导率随温度变化而变化的过程中起到了重要的作用，迁移率与温度的关系为 $\mu_l \sim T^{-\alpha}$[55,56]，其中 α 为迁移率常数。电子浓度随温度升高而呈指数增长，关系为 $n \sim T\exp(-E_a/kT)$，其中 E_a 和 k

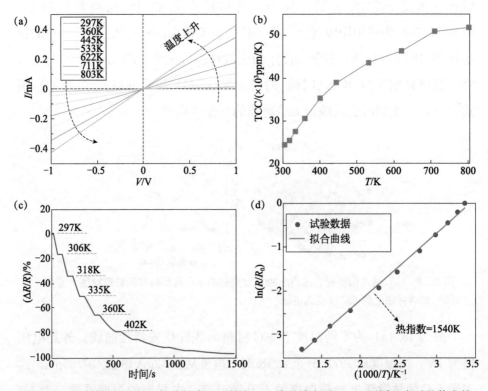

图 2.15 温度截至 803K 下的非故意 n 型掺杂 SiC 热阻效应图。(a) 不同温度时的伏安特性曲线；(b) 导电率温度系数（TCC）图；(c) 温度变化时的电阻率变化图；(d) SiC 温度传感器的阿伦尼乌斯图

分别为激发态能量和玻尔兹曼常量。由于 3C-SiC 有晶体对称性，所以谷间散射影响很小。因此，与电子浓度的温度相关性相比，电子迁移率的温度相关性可忽略不计[57]。因此，非故意 n 型 SiC 材料的电导率可定义为

$$\sigma \sim \exp\left(\frac{-E_a}{kT}\right) \tag{2.23}$$

可用式（2.24）表示：

$$R = R_0 \exp\left[B\left(\frac{1}{T} - \frac{1}{T_0}\right)\right] \tag{2.24}$$

其中 R_0 和 R 分别为参考温度 T_0 和温度 T 下 SiC 的电阻值。$B = E_a/k$ 为 SiC 温度检测器的热指数。电阻变化率与温度的关系可定义为

$$\ln\left(\frac{R}{R_0}\right) = \frac{B}{T} - A \tag{2.25}$$

其中 $A=B/T_0$ 是一个常数。如图 2.15（d）所示，热指数为 1540K。该数值可与文献中其他高性能热敏电阻相媲美[58-60]。

2.5.3　多层 SiC 的热电效应

硅衬底上的单晶 SiC

众所周知，可以在大面积硅衬底上生长高质量的单晶碳化硅（n-3C-SiC）制备 SiC/Si 系统[61-65]。为研究该器件的输运机制，我们测量了 SiC 层的电流（I_{SiC}）以及从 SiC 层流向硅衬底的电流（I_{Si}）[66-69]。图 2.16（a）为 SiC/Si 器件测试电流结果图，结果显示 SiC 电流和漏电流会同时增长。该器件中 SiC 归一化电流定义为 $\Delta I_{SiC} = I_{SiC}/(I_{SiC}+I_{Si})\times100\%$，而漏电流定义为 $\Delta I_{Si} = I_{Si}/(I_{SiC}+I_{Si})\times100\%$，图 2.16（b）为两者的结果图。随着温度上升，硅衬底中的漏电流增长非常迅速，ΔI_{Si} 占总电流的 50%。这代表该 SiC/Si 器件非常不适用于温度传感器和电力电子设备这类典型工作温度超过 100℃ 的设备。图 2.16（c），（d）揭示了令 SiC/Si 异质结构失效的温度传感机制。p 型和 n 型两种 3C-SiC 与硅衬底之间的势垒分别为 0.45eV 和 1.7eV，无法阻挡载流子穿过 SiC/Si 的异质结构[69-71]。SiC 和 Si 之间的晶格不匹配直接导致了 SiC/Si 异质结构中的堆垛层错和晶粒间界。硅衬底上的载流子数目随温度的升高而增加，造成势垒（n 型 3C-SiC 势垒为 0.45eV）上电子的热发射现象。图 2.16（e）解释了 p 型 3C-SiC/Si 的输运机制，通过势垒（1.7eV）的隧穿电流可看作高温下漏电流的主要诱因[45]。

在硅衬底上生长 3C-SiC 时，会在 3C-SiC 和硅表面产生一层交界面（图 2.17（a））。图 2.17（b）为硅衬底上 n 型 3C-SiC 和 p 型 3C-SiC 相应的能带图。图 2.17（c）展示了一种消除漏电流的新制造方法。新方法使用 SiO_2 替代硅衬底。这样可以完全消除因热能出现的载流子，同时也可以增加势垒高度，有效避免漏电流的出现。图 2.17（d）为 SiO_2 上 n 型 3C-SiC 和 p 型 3C-SiC 相应的能带图，可以观察到新器件的势垒高度显著增加。

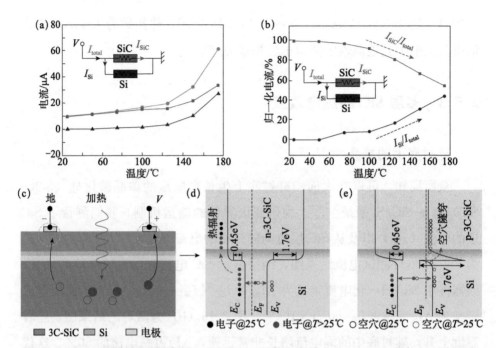

图 2.16 SiC/Si 器件的温度效应。(a) SiC/Si 器件电流图；(b) SiC/Si 器件归一化电流图；(c) SiC/Si 器件中载流子数目随温度的升高而增加；(d) n 型 3C-SiC/Si 导电机制；(e) p 型 3C-SiC/Si 导电机制

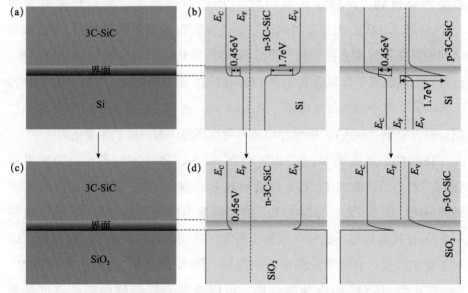

图 2.17 (a) 硅衬底上单晶 3C-SiC 结构图；(b) (a) 对应的 n 型和 p 型材料的能带图；(c) SiO₂ 上单晶 3C-SiC 结构图；(d) (c) 对应的 n 型和 p 型材料的能带图

2.6　4H-SiC p-n 结

4H-SiC 材料在高温、强腐蚀和高压等恶劣环境下工作的高功率电子器件上有广阔的前景。将温度传感元件集成在单个 4H-SiC 功率芯片中，使其能在最高 600℃ 的条件下工作，这对于类似燃气轮机和地热发电厂等许多实际应用意义重大[72-77]。针对器件热集中点等关键位置，集成温度传感、温度检测等功能是研发实时监控系统的根本保障。由于可以实时监控和预测故障，因此可以提升这些系统的安全性和效率。设计在恶劣条件下工作传感系统的关键因素不仅仅是高灵敏度，还要考虑将传感模块集成在具有简单电路的片上系统中的简便性。使用二极管和场效应晶体管的设计已经成功实现了这样的温度模块，在这些方案之中，二极管是最简单、最容易实现的方案。

在多晶 SiC 中，4H-SiC 禁带宽度最大，为 3.2eV，正因如此，它才被应用于温度传感设备中。近期的研究显示，4H-SiC p-n 结是一种温度传感元件。图 2.18（a）为 4H-SiC p-n 结温度传感器的结构图，该传感器最高工作温度为 600℃，n 型使用 Ni 触点，而 p 型使用 Ni/Ti/Al 触点。设备的电极尺寸为 $150\mu\mathrm{m}\times150\mu\mathrm{m}$，抑或是面积为 $2.25\times10^{-4}\,\mathrm{cm}^2$（图 2.18（b））。电流密度为 $J=I/A$，其中 I 是被测电流，可用式（2.26）表示。

$$I = I_0\left(\mathrm{e}^{\frac{qV}{nkT}} - 1\right) \tag{2.26}$$

其中 q 和 k 分别为电子电荷和玻尔兹曼常量；n 代表理想因子，对于复合电流占主导的高温条件而言，其理想因子通常为 2；I_0 为饱和电流。当电流为常数时，假设 $qV \gg nkT$，可以得到电压和温度的关系：

$$V = \frac{2kT}{q}\ln\left(\frac{I}{I_0}\right) = \frac{2kT}{q}\ln\left(\frac{I\tau_\mathrm{e}}{qWA}\right) - \left(\frac{kT}{q}\right)\ln(N_\mathrm{c}N_\mathrm{v}) + \frac{E_q}{q} \tag{2.27}$$

其中 N_c 和 N_v 分别为导带态密度和价带态密度；τ_e 为载流子寿命。因此，在理论上将 p-n 结温度传感器的灵敏度定义为

$$\frac{dV}{dT} = \frac{2k}{q}\ln\left(\frac{I\tau_e}{qWA}\right) - 7.67 \ (\text{mV/K}) \tag{2.28}$$

图 2.18（c）为试验中 p-n 结温度传感器的灵敏度结果图。当电流密度为 0.44mA/cm² 时，测得灵敏度最大值为 3.5mV/K。灵敏度随电流密度的增加而下降。

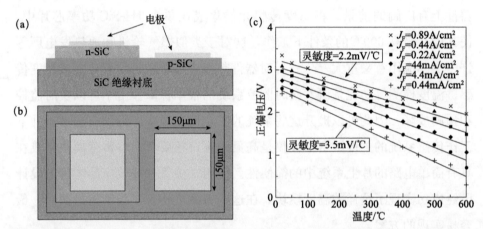

图 2.18　(a) 4H-SiC p-n 结温度传感器简易示意图；(b) 传感器 SEM 图；(c) 不同电流密度下结正偏电压图

300℃ 以下时，在温度传感设备中也可利用肖特基 4H-SiC 二极管的热电效应[79]。图 2.19（a），(b) 是肖特基传感器的简易示意图。其工作原理如下：外加两个已知大小的电流 I_{D1} 和 I_{D2}，两电极间的电势差可用式（2.29）计算

$$V_{D2} - V_{D1} = \frac{2k}{q}\eta\ln\left(\frac{I_{D2}}{I_{D1}}\right) + R_s(I_{D2} - I_{D1}) \tag{2.29}$$

其中 R_s 是寄生电阻。如图 2.19（c）所示，电势差和温差成正比。式（2.29）中，可以通过增加电流比例 $r = I_{D2}/I_{D1}$ 来控制设备的灵敏度。电流比例为 18.4 时，灵敏度达到最大值，值为 5.11mV/K。该传感器具有良好的线性度和长期稳定性。

PIN 4H-SiC 二极管被用于开发高灵敏度温度传感器[73]（图 2.20（a）），其在 10μA 的外加电流下最大灵敏度为 2.66mV/L（图 2.20（b），(c)）。式（2.26）可在理想因子 2.05～2.45 时控制二极管的运行。理想因子随外加电流的增加而增加。

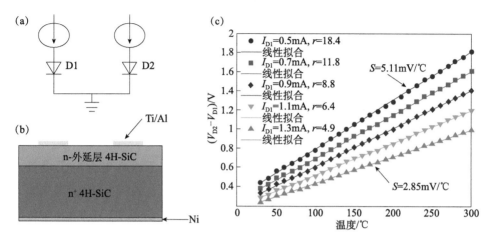

图 2.19　（a）SiC 肖特基二极管温度传感器原理图；（b）SiC 肖特基二极管温度传感器简易示意图；（c）4H-SiC 肖特基二极管的线性传感性能图

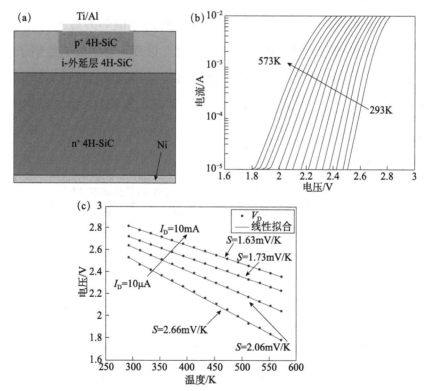

图 2.20　PIN 4H-SiC 温度传感器。（a）传感器结构图；（b）293～573K 范围内的传感器伏安特性曲线图；（c）传感器灵敏度曲线

2.7　高温下其他热电特性

2.7.1　热电效应

近年来，一些热电材料的佩尔捷效应模型被用于冷却电力电子设备。利用热电材料的参数 Z 来评估其性能[32]：

$$Z = \frac{S^2}{\rho k} \tag{2.30}$$

其中 ρ 是热电材料的电阻。为提高冷却效率，热电材料应有较高的泽贝克系数、较低的阻值以及较低的热导率[31-33]。

与其他半导体相同，SiC 中的温度梯度将产生电势差或泽贝克效应。由于 SiC 具有优秀的机械性能、电性能且熔点很高，有望成为适用于恶劣环境中的下一代热电材料。表 2.3 总结了 SiC 与其他热电材料的泽贝克系数 S 和热导率 k。在这些材料中，SiC 的泽贝克系数最小，而热导率最高。因此，与其他材料相比，将 SiC 用作热电材料的效率相对较低，导致 SiC 成功的热电应用较少[35]。

表 2.3　SiC 与其他材料的泽贝克系数 (S) 以及热导率 (k)

材料	泽贝克系数，$S/(\mu V/K)$	热导率，$k/(W/mK)$
Bi_2Te_3	200	1.5
Si	200～1500	110
SiC	10～100	300
GaN	300～400	200
ZnO	450～550	100

Fukuda 等[32]研究了掺杂浓度 $10^{16} \sim 10^{19} \, cm^{-3}$ 的 4H-SiC 以及致密烧结的 SiC 的热电性能，可将这些材料用于制造自冷却设备。利用烧结微粒粉末的压缩法制备了烧结 SiC。图 2.21 为不同单晶 SiC 的泽贝克系数结果

图，与其他材料相比，4H-SiC 的泽贝克系数更低。比如，4H-SiC 的泽贝克系数（小于 100μV/K）比 6H-SiC（大于 400μV/K）低得更多。

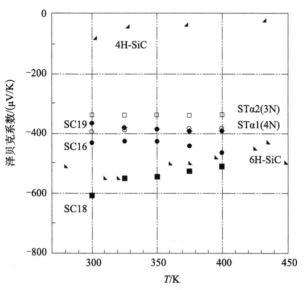

图 2.21 烧结和单晶 SiC 泽贝克系数与温度的关系图

此外，在另一份报告中 n 型 SiC 泽贝克系数为负值，而 p 型则为正值（图 2.22）。而且 4H-SiC 和 6H-SiC 的泽贝克系数随温度的上升而小幅增加，这与 Fukuda 等[32]的报告结果完全相反。另外，掺杂浓度的增加也会降低绝对泽贝克系数值。经典半导体理论认为温度梯度产生了热电动势，而在上述一系列尚存争议的现象中，载流子浓度和温度对泽贝克系数的影响是无法用经典半导体理论解释的。由堆垛层错、晶粒间界和位错产生的声子散射在电子拖曳中占据主要地位，在解释这些现象时，应考虑电子拖曳效应。图 2.22 为几种 SiC（如 3C-SiC，4H-SiC，6H-SiC）的泽贝克系数结果图，在最高 500℃，不同的掺杂浓度条件下，泽贝克系数从 400 到超过 1000。

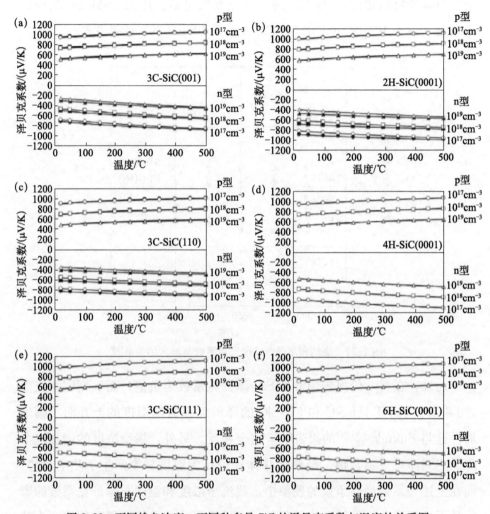

图 2.22　不同掺杂浓度、不同种多晶 SiC 的泽贝克系数与温度的关系图

2.7.2　热电容效应

理想条件下，肖特基结的耗尽层电容与电压的关系可用式（2.31）表示[80,81]

$$C^{-2} = \frac{2(V_0 + V)}{q \varepsilon_s A^2 (N_d - N_a)} \qquad (2.31)$$

式中，V_0 是无外加偏压 V 下的扩散势；$N_d - N_a$ 是净电离态密度；q 是电子电荷；A 和 ε_s 是 4H-SiC 的面积和介电常量。由式（2.31）可推导出

$$\frac{\mathrm{d}C^{-2}}{\mathrm{d}V} = \frac{2}{q\varepsilon_s A^2(N_d - N_a)} \tag{2.32}$$

　　近年来，一些研究探讨了金属/SiC 肖特基结的热电容效应与温度的关系。图 2.23（a）为 50～300K 温度范围内 Au/4H-SiC 结构的 $1/C^2 - V$ 特性的结果。线性特征反映出 Au/4H-SiC 掺杂浓度均匀。在相同的偏压 V 下，随着温度的增加，电容 C 增加，$1/C^2$ 降低。结果表明，随着温度的升高，净电离态密度从 50K 时的 $6.58 \times 10^{16}\,\mathrm{cm}^{-3}$ 增长到 300K 时的 $1.01 \times 10^{17}\,\mathrm{cm}^{-3}$。图 2.23（b）为最高 160℃时电容值随温度上升而增加的曲线图，这与文献［80］中的结果完全一致。

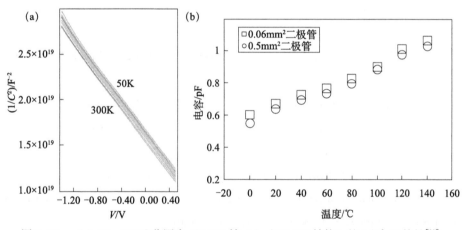

图 2.23　（a）50～300K 范围内 4H-SiC 结（Au/4H-SiC 结构）的 $1/C^2$ -V 特性[81]；（b）4H-SiC 肖特基光电二极管的电容与温度的关系[80]

参 考 文 献

［1］ B. Verma, S. Sharma, Effect of thermal strains on the temperature coeffificient of resistance. Thin Solid Films 5, R44-R46（1970）

［2］ P. Hall, The effect of expansion mismatch on temperature coeffificient of resistance of thin fifilms. Appl. Phys. Lett. 12, 212-212（1968）

[3] T. Dinh, H.-P. Phan, A. Qamar, P. Woodfifield, N.-T. Nguyen, D. V. Dao, Thermoresistive effect for advanced thermal sensors: fundamentals, design considerations, and applications. J. Micro electromech. Syst. (2017)

[4] J. T. Kuo, L. Yu, E. Meng, Micromachined thermal flflow sensors—a review. Micromachines 3, 550-573 (2012)

[5] F. Warkusz, The size effect and the temperature coeffificient of resistance in thin films. J. Phys. D Appl. Phys. 11, 689 (1978)

[6] V. T. Dau, D. V. Dao, T. Shiozawa, H. Kumagai, S. Sugiyama, Development of a dual-axis thermal convective gas gyroscope. J. Micromech. Microeng. 16, 1301 (2006)

[7] T. Dinh, H.-P. Phan, T. Kozeki, A. Qamar, T. Namazu, N.-T. Nguyen et al., Thermoresistive properties of p-type 3C-SiC nanoscale thin fifilms for high-temperature MEMS thermal-based sensors. RSC Adv 5, 106083-106086 (2015)

[8] S. O. Kasap, Principles of Electronic Materials and Devices (McGraw-Hill, New York, 2006)

[9] S. M. Sze, K. K. Ng, Physics of Semiconductor Devices (Wiley, New York, 2006)

[10] T. Dinh, H.-P. Phan, A. Qamar, P. Woodfifield, N.-T. Nguyen, D. V. Dao, Thermoresistive effect for advanced thermal sensors: fundamentals, design considerations, and applications. J. Micro electromech. Syst. 26, 966-986 (2017)

[11] T. Dinh, D. V. Dao, H.-P. Phan, L. Wang, A. Qamar, N.-T. Nguyen et al., Charge transport and activation energy of amorphous silicon carbide thin fifilm on quartz at elevated temperature. Appl. Phys. Express 8, 061303 (2015)

[12] K. Sasaki, E. Sakuma, S. Misawa, S. Yoshida, S. Gonda, High-temperature electrical properties of 3C-SiC epitaxial layers grown by chemical vapor deposition. Appl. Phys. Lett. 45, 72-73 (1984)

[13] T. Nagai, K. Yamamoto, I. Kobayashi, Rapid response SiC thin-fifilm thermistor. Rev. Sci. Instrum. 55, 1163-1165 (1984)

[14] T. Nagai, M. Itoh, SiC thin-fifilm thermistors. IEEE Trans. Ind. Appl. 26, 1139-1143 (1990)

[15] E. A. de Vasconcelos, S. Khan, W. Zhang, H. Uchida, T. Katsube, Highly sensitive thermistors based on high-purity polycrystalline cubic silicon carbide. Sens. Actuators,

A 83, 167-171 (2000)

[16] T. Dinh, H. -P. Phan, T. Kozeki, A. Qamar, T. Fujii, T. Namazu et al. , High thermosensitivity of silicon nanowires induced by amorphization. Mater. Lett. 177, 80-84 (2016)

[17] J. Y. Seto, The electrical properties of polycrystalline silicon fifilms. J. Appl. Phys. 46, 5247-5254 (1975)

[18] N. -C. Lu, L. Gerzberg, C. -Y. Lu, J. D. Meindl, A conduction model for semiconductor grain-boundary-semiconductor barriers in polycrystalline-silicon fifilms. IEEE Trans. Electron Devices 30, 137-149 (1983)

[19] D. M. Kim, A. Khondker, S. Ahmed, R. R. Shah, Theory of conduction in polysilicon: drift diffusion approach in crystalline-amorphous-crystalline semiconductor system— Part I: Small signal theory. IEEE Trans. Electron Devices 31, 480-493 (1984)

[20] A. Singh, Grain-size dependence of temperature coeffificient of resistance of polycrystalline metal fifilms. Proc. IEEE 61, 1653-1654 (1973)

[21] J. T. Irvine, A. Huanosta, R. Valenzuela, A. R. West, Electrical properties of polycrystalline nickel zinc ferrites. J. Am. Ceram. Soc. 73, 729-732 (1990)

[22] A. Singh, Film thickness and grain size diameter dependence on temperature coeffificient of resistance of thin metal fifilms. J. Appl. Phys. 45, 1908-1909 (1974)

[23] S. Baranovski, Charge Transport in Disordered Solids with Applications in Electronics, vol. 17 (Wiley, New York, 2006)

[24] N. F. Mott, E. A. Davis, Electronic Processes in Non-Crystalline Materials (OUP Oxford, 2012)

[25] R. Street, Hydrogenated Amorphous Silicon (Cambridge University, Cambridge, 1991)

[26] P. Fenz, H. Muller, H. Overhof, P. Thomas, Activated transport in amorphous semiconductors. II. Interpretation of experimental data. J. Phys. C: Solid State Phys. 18, 3191 (1985)

[27] D. Peters, R. Schörner, K. -H. Hölzlein, P. Friedrichs, Planar aluminum-implanted 1400 V 4H silicon carbide pn diodes with low on resistance. Appl. Phys. Lett. 71, 2996-2997 (1997)

[28] Y. S. Ju, Analysis of thermocapacitive effects in electric double layers under a size

modifified mean fifield theory. Appl. Phys. Lett. 111，173901（2017）

[29] C. Y. Kwok，K. M. Lin，R. S. Huang，A silicon thermocapacitive flflow sensor with frequency modulated output. Sens. Actuators，A 57，35-39（1996）

[30] N. Abu-Ageel，M. Aslam，R. Ager，L. Rimai，The Seebeck coeffificient of monocrystalline-SiC and polycrystalline-SiC measured at 300—533K. Semicond. Sci. Technol. 15，32（2000）

[31] C.-H. Pai，Thermoelectric properties of p-type silicon carbide，in ⅩⅦ International Conference on Thermoelectrics，1998. Proceedings ICT 98（1998），pp. 582-586

[32] S. Fukuda，T. Kato，Y. Okamoto，H. Nakatsugawa，H. Kitagawa，S. Yamaguchi，Thermoelectric properties of single-crystalline SiC and dense sintered SiC for self-cooling devices. Jpn. J. Appl. Phys. 50，031301（2011）

[33] P. Wang，Recent advance in thermoelectric devices for electronics cooling，in Encyclopedia of Thermal Packaging：Thermal Packaging Tools（World Scientifific，2015），pp. 145-168

[34] K. Nakamura，First-principles simulation on Seebeck coeffificient in silicon and silicon carbide nanosheets. Jpn. J. Appl. Phys. 55，06GJ07（2016）

[35] Y. Furubayashi，T. Tanehira，A. Yamamoto，K. Yonemori，S. Miyoshi，S.-I. Kuroki，Peltier effect of silicon for cooling 4H-SiC-based power devices. ECS Trans. 80，77-85（2017）

[36] T.-K. Nguyen，H.-P. Phan，T. Dinh，T. Toriyama，K. Nakamura，A. R. M. Foisal et al.，Isotropic piezoresistance of p-type 4H-SiC in（0001）plane. Appl. Phys. Lett. 113，012104（2018）

[37] A. R. M. Foisal，T. Dinh，P. Tanner，H.-P. Phan，T.-K. Nguyen，E. W. Streed et al.，Photoresponse of a highly-rectifying 3C-SiC/Si heterostructure under UV and visible illuminations. IEEE Electron Device Lett.（2018）

[38] T. Dinh，H.-P. Phan，T.-K. Nguyen，V. Balakrishnan，H.-H. Cheng，L. Hold et al.，Uninten tionally doped epitaxial 3C-SiC（111）nanothin fifilm as material for highly sensitive thermal sensors at high temperatures. IEEE Electron Device Lett. 39，580-583（2018）

[39] J. S. Shor，D. Goldstein，A. D. Kurtz，Characterization of n-type beta-SiC as a piezoresistor. IEEE Trans. Electron Devices 40，1093-1099（1993）

［40］J. S. Shor, L. Bemis, A. D. Kurtz, Characterization of monolithic n-type 6H-SiC piezoresistive sensing elements. IEEE Trans. Electron Devices 41, 661-665 (1994)

［41］R. S. Okojie, A. A. Ned, A. D. Kurtz, W. N. Carr, Characterization of highly doped n-and p-type 6H-SiC piezoresistors. IEEE Trans. Electron Devices 45, 785-790 (1998)

［42］T. Abtew, M. Zhang, D. Drabold, Ab initio estimate of temperature dependence of electrical conductivity in a model amorphous material: hydrogenated amorphous silicon. Phys. Rev. B 76, 045212 (2007)

［43］E. A. de Vasconcelos, W. Y. Zhang, H. Uchida, T. Katsube, Potential of high-purity polycrys talline silicon carbide for thermistor applications. Jpn. J. Appl. Phys. 37, 5078 (1998)

［44］K. Wasa, T. Tohda, Y. Kasahara, S. Hayakawa, Highly-reliable temperature sensor usingrf sputtered SiC thin fifilm. Rev. Sci. Instrum. 50, 1084-1088 (1979)

［45］T. Dinh, H. -P. Phan, N. Kashaninejad, T. -K. Nguyen, D. V. Dao, N. -T. Nguyen, An on-chip SiC MEMS device with integrated heating, sensing and microfluidic cooling systems. Adv. Mater. Interfaces 1, 1 (2018)

［46］H. -P. Phan, D. V. Dao, P. Tanner, L. Wang, N. -T. Nguyen, Y. Zhu et al., Fundamental piezore sistive coeffificients of p-type single crystalline 3C-SiC. Appl. Phys. Lett. 104, 111905 (2014)

［47］S. S. Li, The dopant density and temperature dependence of electron mobility and resistivity in n-type silicon. US Dept. of Commerce, National Bureau of Standards; for sale by the Supt. of Docs. , US Govt. Print. Off. (1977)

［48］M. Roschke, F. Schwierz, Electron mobility models for 4H, 6H, and 3C SiC [MESFETs]. IEEE Trans. Electron Devices 48, 1442-1447 (2001)

［49］R. Humphreys, D. Bimberg, W. Choyke, Wavelength modulated absorption in SiC. Solid State Commun. 39, 163-167 (1981)

［50］H. Mukaida, H. Okumura, J. Lee, H. Daimon, E. Sakuma, S. Misawa et al., Raman scattering of SiC: estimation of the internal stress in 3C-SiC on Si. J. Appl. Phys. 62, 254-257 (1987)

［51］M. Wieligor, Y. Wang, T. Zerda, Raman spectra of silicon carbide small particles and nanowires. J. Phys. : Condens. Matter 17, 2387 (2005)

［52］A. Qamar, H. -P. Phan, J. Han, P. Tanner, T. Dinh, L. Wang et al., The effect of device geometry and crystal orientation on the stress-dependent offset voltage of 3C-SiC (100) four terminal devices. J. Mater. Chem. C 3, 8804-8809 (2015)

[53] H.-P. Phan, H.-H. Cheng, T. Dinh, B. Wood, T.-K. Nguyen, F. Mu et al., Single-crystalline 3C-SiC anodically bonded onto glass: an excellent platform for high-temperature electronics and bioapplications. ACS Appl. Mater. Interfaces. 9, 27365-27371 (2017)

[54] M. S. Raman, T. Kiflfle, E. Bhattacharya, K. Bhat, Physical model for the resistivity and temperature coeffificient of resistivity in heavily doped polysilicon. IEEE Trans. Electron Devices 53, 1885-1892 (2006)

[55] M. Yamanaka, H. Daimon, E. Sakuma, S. Misawa, S. Yoshida, Temperature dependence of electrical properties of n-and p-type 3C-SiC. J. Appl. Phys. 61, 599-603 (1987)

[56] M. Yamanaka, K. Ikoma, Temperature dependence of electrical properties of 3C-SiC (111) heteroepitaxial fifilms. Physica B 185, 308-312 (1993)

[57] X. Song, J. Michaud, F. Cayrel, M. Zielinski, M. Portail, T. Chassagne et al., Evidence of electrical activity of extended defects in 3C-SiC grown on Si. Appl. Phys. Lett. 96, 142104 (2010)

[58] C. Yan, J. Wang, P. S. Lee, Stretchable graphene thermistor with tunable thermal index. ACS Nano 9, 2130-2137 (2015)

[59] D. Kong, L. T. Le, Y. Li, J. L. Zunino, W. Lee, Temperature-dependent electrical properties of graphene inkjet-printed on flflexible materials. Langmuir 28, 13467-13472 (2012)

[60] Q. Gao, H. Meguro, S. Okamoto, M. Kimura, Flexible tactile sensor using the reversible deformation of poly (3-hexylthiophene) nanofififiber assemblies. Langmuir 28, 17593-17596 (2012)

[61] X. She, A. Q. Huang, Ó. Lucía, B. Ozpineci, Review of silicon carbide power devices and their applications. IEEE Trans. Industr. Electron. 64, 8193-8205 (2017)

[62] G. L. Harris, Properties of Silicon Carbide (IET, 1995)

[63] H.-P. Phan, T. Dinh, T. Kozeki, T.-K. Nguyen, A. Qamar, T. Namazu et al., The piezoresistive effect in top-down fabricated p-type 3C-SiC nanowires. IEEE Electron Device Lett. 37, 1029-1032 (2016)

[64] L. Wang, S. Dimitrijev, J. Han, A. Iacopi, L. Hold, P. Tanner et al., Growth of 3C-SiC on 150-mm Si (100) substrates by alternating supply epitaxy at 1000℃. Thin Sol-

id Films 519, 6443-6446 (2011)

［65］L. Wang, A. Iacopi, S. Dimitrijev, G. Walker, A. Fernandes, L. Hold et al.，Misorientation dependent epilayer tilting and stress distribution in heteroepitaxially grown silicon carbide on silicon (111) substrate. Thin Solid Films 564, 39-44 (2014)

［66］V. Afanas'ev, M. Bassler, G. Pensl, M. Schulz, E. Stein von Kamienski, Band offsets and electronic structure of SiC/SiO₂ interfaces. J. Appl. Phys. 79, 3108-3114 (1996)

［67］P. Tanner, S. Dimitrijev, H. B. Harrison, Current mechanisms in n-SiC/p-Si heterojunctions, in Conference on Optoelectronic and Microelectronic Materials and Devices, 2008. COMMAD 2008 (2008), pp. 41-43

［68］A. Qamar, P. Tanner, D. V. Dao, H. -P. Phan, T. Dinh, Electrical properties of p-type 3C-SiC/Si heterojunction diode under mechanical stress. IEEE Electron Device Lett. 35, 1293-1295 (2014)

［69］S. Z. Karazhanov, I. Atabaev, T. Saliev, É. Kanaki, E. Dzhaksimov, Excess tunneling currents in p-Si-n-3C-SiC heterostructures. Semiconductors 35, 77-79 (2001)

［70］P. Yih, J. Li, A. Steckl, SiC/Si heterojunction diodes fabricated by self-selective and by blanket rapid thermal chemical vapor deposition. IEEE Trans. Electron Devices 41, 281-287 (1994)

［71］L. Marsal, J. Pallares, X. Correig, A. Orpella, D. Bardés, R. Alcubilla, Analysis of conduction mechanisms in annealed n-Si$_{1-x}$ C$_x$: H/p-crystalline Si heterojunction diodes for different doping concentrations. J. Appl. Phys. 85, 1216-1221 (1999)

［72］S. B. Hou, P. E. Hellström, C. M. Zetterling, M. Östling, 4H-SiC PIN diode as high temperature multifunction sensor, in Materials Science Forum (2017, pp. 630-633)

［73］S. Rao, G. Pangallo, F. G. Della Corte, 4H-SiC pin diode as highly linear temperature sensor. IEEE Trans. Electron Devices 63, 414-418 (2016)

［74］G. Brezeanu, M. Badila, F. Draghici, R. Pascu, G. Pristavu, F. Craciunoiu, et al.，High temperature sensors based on silicon carbide (SiC) devices, in 2015 International Semiconductor Conference (CAS) (2015), pp. 3-10.

［75］S. Rao, G. Pangallo, F. G. Della Corte, Highly linear temperature sensor based on 4H-silicon carbide pin diodes. IEEE Electron Device Lett. 36, 1205-1208 (2015)

［76］V. Cimalla, J. Pezoldt, O. Ambacher, Group III nitride and SiC based MEMS and NEMS: materials properties, technology and applications. J. Phys. D Appl. Phys. 40,

6386（2007）

[77] M. Mehregany, C. A. Zorman, SiC MEMS: opportunities and challenges for applications in harsh environments. Thin Solid Films 355, 518-524 (1999)

[78] N. Zhang, C.-M. Lin, D. G. Senesky, A. P. Pisano, Temperature sensor based on 4H-silicon carbide pn diode operational from 20℃ to 600℃. Appl. Phys. Lett. 104, 073504 (2014)

[79] S. Rao, G. Pangallo, F. Pezzimenti, F. G. Della Corte, High-performance temperature sensor based on 4H-SiC Schottky diodes. IEEE Electron Device Lett. 36, 720-722 (2015)

[80] S. Zhao, G. Lioliou, A. Barnett, Temperature dependence of commercial 4H-SiC UV Schottky photodiodes for X-ray detection and spectroscopy. Nucl. Instrum. Methods Phys. Res. , Sect. A 859, 76-82 (2017)

[81] M. Gülnahar, Temperature dependence of current-and capacitance-voltage characteristics of an Au/4H-SiC Schottky diode. Superlattices Microstruct. 76, 394-412 (2014)

第 3 章　高温 SiC 传感器的理想性能

摘　要　实际应用中，温度探测器、流量传感器以及对流式加速度计和陀螺仪等 SiC 传感器的探测能力和效率可通过几个功能参数表示。本章主要介绍 SiC 传感器在高温环境应用的理想参数，主要包括灵敏度、响应时间和线性度等，但不仅限于这些参数。

关键词　灵敏度、响应时间、功率消耗、稳定性

3.1　灵敏度

由于可检测性和高效率是电子传感设备的主要特征，因此，灵敏度被认为是开发 SiC 传感器最重要的参数之一[1]。如第 2 章所述，可以使用电阻温度系数（TCR）来评估 SiC 传感器的灵敏度，该温度系数由电阻随温度差的变化定义。TCR 计算如下：$TCR=(\Delta R/R_0)\times(1/\Delta T)$，式中 $\Delta R/R_0=(R-R_0)/R_0$，$\Delta T=T-T_0$ 分别代表电阻及温度的变化[2]。

高灵敏度温度传感器通常会选择大 TCR 值。由于使用陶瓷或复合材料具有很高的热阻敏感性且 TCR 高达 $10^{12}\,\mathrm{ppm/K}$[3]，因此，它们会被用作传感器敏感材料。但是由于其高电阻率，这些材料又不适于用作基于焦耳热效应的 MEMS 热传感器，如热流量传感器、对流式惯性传感器（加速度计和陀螺仪）[4-7]。这是因为，焦耳加热型传感器采用低电阻率材料来

降低工作电压或电流供应[8]，基于此，金属和重掺杂半导体等常规材料通常被用于制备焦耳加热型 MEMS 传感器[9-11]。但是这些材料的热电阻灵敏度又比较低，TCR 值小于 5000ppm/K[12,13]。

研究表明，SiC 是可用作高温条件热传感的潜在材料[14-17]。非晶 SiC 薄膜能提供高达－16000ppm/K 的灵敏度，相比而言，重掺杂单晶结构具有较低的灵敏度[1,2,18-20]。图 3.1 （a）显示电阻随温度升高而降低，对应单晶 3C-SiC 和非晶 SiC 的相对电阻变化的绝对值分别约为 70％和 95％。据报道[18]，3C-SiC 和 a-SiC 高负 TCR 值分别为－2000～－6000ppm/K 和－4000～－16000ppm/K （图 3.1 （b））[4,5]。这种高灵敏度优点再次证明，将 SiC 纳米薄膜用于热传感器具有极大的可行性。然而，SiC 在更宽、更高的温度范围（500～800K）内的高灵敏度是在高温环境下运行的热传感器的理想选择。

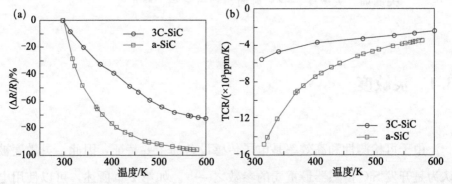

图 3.1　SiC 热电阻灵敏度[2,18]。　（a）SiC 纳米薄膜相对电阻变化；（b）电阻温度系数（TCR）

除了对 TCR 和电阻率的考虑外，焦耳热传感器设计的简单性和微加工的易用性也是重要因素。此外，此类传感器的封装也将影响材料的选择，因为直接暴露在腐蚀性环境中，传感器性能会随着时间的推移而下降[15,17,21-23]。

对于采用高 TCR 材料的热流量传感器，可通过直接测量传感元件的电阻变化来简化测量[24,25]。图 3.2 （a）示意图为高 TCR 材料电阻变化的直接测量方法。由于常规的热传感器采用低 TCR 材料，因此，通常使用惠斯通电桥将具有输入参数的传感器电阻变化（ΔR）转换成电压变化（ΔV），然后通过信号放大器进行放大处理。图 3.2（b）中所示为用于热流量传感器的惠斯通电桥的电路原理图[26,27]。

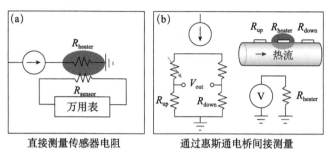

图 3.2　（a）直接测量电阻变化；（b）惠斯通电桥测量电阻变化

对于采用陶瓷和半导体材料的温度探测器，另一种方式是用热指数 $B(K)$ 作为灵敏度。根据电阻温度系数（TCR）的定义，热指数 $B = TCR \times T^2$。表 3.1 显示了文献中报道的不同类型 SiC 材料的热指数 B。

表 3.1　SiC 的热指数或热敏系数[15,17,21-23,28]

材料	生长技术	温度范围/K	热因子 B/K
a-SiC	LPCVD	300~580	1750~2400
SiC/金刚石/Si	MPCVD	300~570	550~4500
3C-SiC	射频溅射	200~720	1600~3400
3C-SiC	射频溅射	275~770	2000~4000
3C-SiC	CVD	300~670	5000~7000

除单层 SiC 用于热传感外，多层 SiC 也被用于温度传感器。SiC 基 p-n 结的热电灵敏度定义为，在恒定外加电流下的电压随温度变化的变化（dV/dT）[29]。近期，有文献报道了关于 4H-SiC 基的 p-n 结在 600℃ 下温度传感应用数据，灵敏度高达 5mV/K[30-35]。但是，非常有限的工作证明了高温应用中传感器能够达到高性能。

3.2　线性度

线性特性是 SiC 传感器的一个重要特性，它代表了传感器的测量精度和电路设计的简便性。线性特性通常是指电阻和温度之间的线性关系，如下所示[26]：

$$R = R_0[1 + \alpha(T - T_0)] \tag{3.1}$$

式中，R 和 R_0 分别为 T 和 T_0 温度下的电阻值；α 表示电阻的温度系数。图 3.3（a）显示了电阻随温度升高的线性变化。根据图 3.3（a）中的线性拟合，可以看出测量的高掺杂 SiC 薄膜的温度灵敏度为 $0.5\Omega/K$。采用 SiC 薄膜作为温度传感器，温度每升高 43K 会导致电阻值 1% 的变化。因此，高掺杂 n 型 SiC 薄膜的温度可以描述为 $T = 25℃ + 43 \times \Delta R/R(\%)$。然而，半导体的电阻与温度呈指数关系[20,26,37,38]，如下所示：

$$R = A \exp\left(\frac{E_a}{kT}\right) \tag{3.2}$$

式中，E_a 是激活能；k 是玻尔兹曼常量。$\ln(R/R_0)$ 与 $1/T$ 之间的线性关系可由式（3.3）计算，如下所示：

$$\ln\left(\frac{R}{R_0}\right) = A - B\left(\frac{1}{T}\right) \tag{3.3}$$

式中，A 和 B 均为常数。材料的热阻灵敏度 B 由 $\ln(R/R_0)$-$1/T$ 曲线的斜率确定。需要注意的是，激活能 E_a 由 $E_a = B \times k$ 确定。图 3.3（b）显示了非晶 SiC 薄膜中热阻效应的线性拟合示例。根据斜率，300~450K 和 450~580K 温度范围内，对应的激活能分别为 150meV 和 205meV[18]。

为了实现热电效应在 SiC 结中的应用，许多研究已经证明了传感器在高达 300℃ 温度下的线性响应。图 3.3（c）显示高达 573K 温度下 4H-SiC 基 p-n 结的线性灵敏度。在恒定的 10μA 外加电流下，传感器的灵敏度高达 2.66mV/K[34]，进一步增加施加电流将导致灵敏度降低。

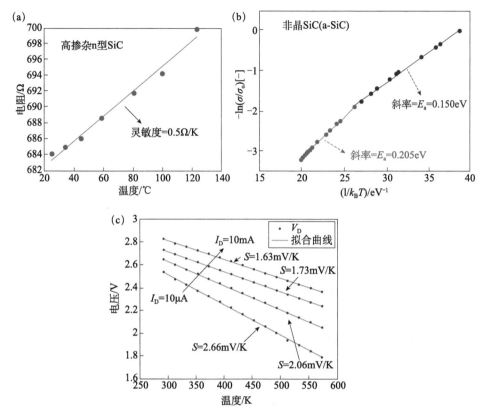

图 3.3　SiC 薄膜热阻效应线性特性。（a）n 型重掺杂 3C-SiC；（b）多晶 SiC 热电阻的阿伦尼乌斯线性拟合[18]；（c）4H-SiC 的 p-n 结二极管线性特性[34]。经许可转载[18,34,36]

3.3　热响应时间

　　高性能 MEMS 传感器需要 SiC 传感器的快速响应，因为热响应时间代表了传感器对温度、应力/应变、加速度等外部输入的快速响应。从试验角度来讲，热响应时间计算为响应信号达到稳态信号 63.2% 或 90% 的时间[27,39-43]（图 3.4（a））。热响应时间也可根据热传感器温度响应的指数拟合定义如下[40,44-47]。

　　图 3.4（a）显示了达到稳态信号 63.2% 的热响应时间，图 3.4（b）

展示了通过线性拟合确定的热响应时间。

$$T = A - B \exp\left(\frac{-t}{\tau}\right) \tag{3.4}$$

式中，A 和 B 是均为常数；t 是时间参数；τ 是热响应时间。图 3.4 （b）显示了 SiC 热流量传感器测定的热响应时间为 2.5ms [40]。

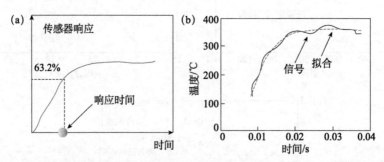

图 3.4　SiC 传感器的响应时间。（a）SiC 传感器达到稳态信号 63.2% 的响应时间；（b）根据线性拟合确定热响应时间[26,39,40]

　　理论上，热时间响应受热时间常数 $\tau = R_{th} \times C_{th}$ 的限制，其中 R_{th} 和 C_{th} 是热电阻和热容。热电阻计算如下：

$$R_{th} = \frac{L}{A \times k} \tag{3.5}$$

式中，L、A、k 分别代表长度、横截面积以及热导系数。为获得更快的热响应时间，在设计时应尽可能降低热电阻。例如，选择具有较高热导率 k 的材料可以提升响应速度。另外，热电容可由下式计算：

$$C_{th} = \rho \times V \times C_H \tag{3.6}$$

式中，ρ 和 C_H 分别代表材料的密度和热容；$V = L \times A$ 代表传感器的体积。因此，时间常量可由下式计算：

$$\tau = R_{th} \times C_{th} = \frac{L}{A \times k} \times l \times A \times V \times C_H = L^2 \times \rho \times \frac{C_H}{k} \tag{3.7}$$

　　为获得很短的响应时间，传感器通常会采用低密度、低热容、高导热系数的材料。例如，铂是一种常用的热传感器材料，热容为 125J/(kg·K)，而密度相对较大（如 21.45g/cm³）。硅和 SiC 的密度分别为 2.33g/cm³ 和 3.2g/cm³，但热容量约为 700J/(kg·K)。因此，另一种实现快速热时间响应的方法是缩小热传感器的尺寸。纳米系统对于实现快速感测外部环境变化可发挥极为重要的作用。根据式（3.7）计算可知，长度为 1000μm 的 SiC 桥的热时间常数小于 20ms[26,40]。

3.4　低功耗

低功耗特别适用于类似热传感器等的电子系统。众所周知，功率的增加会导致热传感器灵敏度的升高。因此，基于高 TCR 材料的热传感器在保持高输出信号的同时可以降低功耗。通过微/纳米加工技术的微型化可有效降低传感器的功耗，小加热器能以较低的功耗将温度升高至稳态，并改善热传感器的响应时间。在恒定功耗下，传感器结构尺寸减小有利于提升灵敏度。因此，一维（1D）和二维（2D）材料将成为低功耗、快速响应热传感器的研究热点[25,43,48]。

不需要加热部件的温度传感器功耗通常会比较低[43,48,49]。可通过减小长度、宽度和厚度等参数改善传感器的响应时间和温度分布均匀性[50-55]。然而，由于薄膜质量降低和材料形貌改变等，薄膜厚度的增加会导致传感器热灵敏度的降低[56,57]。

对于构建在导热衬底上的焦耳加热型传感器（例如生长在 Si 衬底上的 SiC 薄膜），由于向衬底的热传导，功率损耗相对较大。通常需要将 SiC 薄膜粘合在玻璃或 SOI（绝缘体上的硅）晶圆等绝缘基板上，然后再移除导电的 Si 衬底。另一种解决方案是，可通过设计更长、更宽的加热器，以减少功率损失。然而，较长的加热元件导致电阻升高，进而需要施加更大的外部工作电压。此外，优化加热元件和传感元件之间的距离可提高此类传感器的灵敏度。

一般而言，在隔离衬底上制造加热元件或使用释放结构形式，可减小或消除热传导损耗并降低器件整体功耗。可采用湿法刻蚀工艺制备悬空结构，并将功能性加热/传感元件从衬底上释放出来。上述技术有助于传感器实现低功耗、大测量范围、高分辨率和快速热响应时间的发展[43,48,49]。值得注意的是，电源功率的降低会导致热传感器的灵敏度降低。因此，低功耗热传感器通常要借助显著的热电效应实现高灵敏度、高分辨率的目标。

3.5　稳定性和其他性能

众所周知，长期工作在恶劣环境中的热敏元件的性能会出现衰退。因此，考虑热传感器件的重复性和长期稳定性是一项重要的设计任务。重复性通常由重复循环试验确定，以证明传感器对输入信号响应的稳定性。例如，图 3.5（a）所示为流速 2.1m/s 时 SiC 热流量传感器的重复响应[25]。此外，对 SiC 热敏电阻进行了从－196℃到 550℃的热测试（每个测试10s），并且传感器的性能在 10000 次循环中没有改变。此外，在空气中持续暴露于高温（～400℃）2000 小时条件下，SiC 薄膜作为一种热敏电阻仍具有良好的长期稳定性（图 3.5（b））。结果表明，在 350℃时电阻变化测量值为 0.6%，在 450℃时测量值为 5%[15,17,22]。

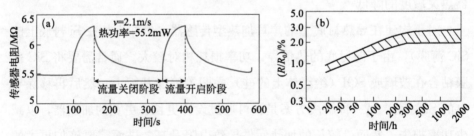

图 3.5　（a）SiC 热流量传感器在两次重复流量循环下的响应；（b）SiC 传感器的长期稳定性。经文献许可转载[14,25]

此外，MEMS 热传感器通常工作在湿度和化学物质不受控制的室外条件，这也会导致传感器输出响应的不稳定[58,59]。高密度多孔材料吸附湿度，导致传感器输出频繁发生漂移。因此，需要采用低孔隙率的材料以降低湿度对热阻传感器性能的影响。另外，SiC 层状结构可以用作湿度传感器，而 SiC 厚膜不受湿度的显著影响。

参 考 文 献

［1］　T. Dinh，H. -P. Phan，A. Qamar，P. Woodfield，N. -T. Nguyen，D. V. Dao，Thermoresistive effect for advanced thermal sensors：fundamentals，design considerations，and applications. J. Microelectromech. Syst.（2017）

［2］　T. Dinh，H. -P. Phan，T. Kozeki，A. Qamar，T. Namazu，N. -T. Nguyen et al.，Thermoresistive properties of p-type 3C-SiC nanoscale thin films for high-temperature MEMS thermal-based sensors. RSC Adv. 5，106083-106086（2015）

［3］　K. Ohe，Y. Naito，A new resistor having an anomalously large positive temperature coefficient. Jpn. J. Appl. Phys. 10，99（1971）

［4］　J. Bahari，J. D. Jones，A. M. Leung，Sensitivity improvement of micromachined convective accelerometers. J. Microelectromech. Syst. 21，646-655（2012）

［5］　V. T. Dau，D. V. Dao，T. Shiozawa，S. Sugiyama，Simulation and fabrication of a convective gyroscope. IEEE Sens. J. 8，1530-1538（2008）

［6］　V. T. Dau，T. Yamada，D. V. Dao，B. T. Tung，K. Hata，S. Sugiyama，Integrated CNTs thin film for MEMS mechanical sensors. Microelectron. J. 41，860-864（2010）

［7］　V. T. Dau，B. T. Tung，T. X. Dinh，D. V. Dao，T. Yamada，K. Hata et al.，A micromirror with CNTs hinge fabricated by the integration of CNTs film into a MEMS actuator. J. Micromech. Microeng. 23，075024（2013）

［8］　A. Vatani，P. L. Woodfield，T. Dinh，H. -P. Phan，N. -T. Nguyen，D. V. Dao，Degraded boiling heat transfer from hotwire in ferrofluid due to particle deposition. Appl. Therm. Eng.（2018）

［9］　V. T. Dau，D. V. Dao，T. Shiozawa，H. Kumagai，S. Sugiyama，Development of a dual-axis thermal convective gas gyroscope. J. Micromech. Microeng. 16，1301（2006）

［10］　V. T. Dau，D. V. Dao，S. Sugiyama，A 2-DOF convective micro accelerometer with a low thermal stress sensing element，in Based on work presented at IEEE sensor 2006：the 5th IEEE conference on sensors，Daegu，Korea，22-25 Oct 2006. Smart Mater. Struct.

16, 2308 (2007)

[11] D. V. Dao, V. T. Dau, T. Shiozawa, S. Sugiyama, Development of a dual-axis convective gyroscope with low thermal-induced stress sensing element. J. Microelectromech. Syst. 16, 950 (2007)

[12] A. M. Leung, J. Jones, E. Czyzewska, J. Chen, M. Pascal, Micromachined accelerometer with no proof mass, in International Electron Devices Meeting, 1997. IEDM '97. Technical Digest, 1997, pp. 899-902

[13] J. T. Kuo, L. Yu, E. Meng, Micromachined thermal flow sensors—a review. Micromachines 3, 550-573 (2012)

[14] K. Wasa, T. Tohda, Y. Kasahara, S. Hayakawa, Highly-reliable temperature sensor using rf-sputtered SiC thin film. Rev. Sci. Instrum. 50, 1084-1088 (1979)

[15] T. Nagai, K. Yamamoto, I. Kobayashi, Rapid response SiC thin-film thermistor. Rev. Sci. Instrum. 55, 1163-1165 (1984)

[16] K. Sasaki, E. Sakuma, S. Misawa, S. Yoshida, S. Gonda, High-temperature electrical properties of 3C-SiC epitaxial layers grown by chemical vapor deposition. Appl. Phys. Lett. 45, 72-73 (1984)

[17] T. Nagai, M. Itoh, SiC thin-film thermistors. IEEE Trans. Ind. Appl. 26, 1139-1143 (1990)

[18] T. Dinh, D. V. Dao, H.-P. Phan, L. Wang, A. Qamar, N.-T. Nguyen et al., Charge transport and activation energy of amorphous silicon carbide thin film on quartz at elevated temperature. Appl. Phys. Express 8, 061303 (2015)

[19] A. R. M. Foisal, H.-P. Phan, T. Kozeki, T. Dinh, K. N. Tuan, A. Qamar et al., 3C-SiC on glass: an ideal platform for temperature sensors under visible light illumination. RSC Adv. 6, 87124-87127 (2016)

[20] T. Dinh, H.-P. Phan, T.-K. Nguyen, V. Balakrishnan, H.-H. Cheng, L. Hold et al., Unintentionally doped epitaxial 3C-SiC (111) nanothin film as material for highly sensitive thermal sensors at high temperatures. IEEE Electron Device Lett. 39, 580-583 (2018)

[21] E. A. de Vasconcelos, W. Y. Zhang, H. Uchida, T. Katsube, Potential of high-purity polycrystalline silicon carbide for thermistor applications. Jpn. J. Appl. Phys. 37, 5078 (1998)

［22］ E. A. de Vasconcelos, S. Khan, W. Zhang, H. Uchida, T. Katsube, Highly sensitive thermistors based on high-purity polycrystalline cubic silicon carbide. Sens. Actuators APhys. 83, 167-171 (2000)

［23］ N. Boltovets, V. Kholevchuk, R. Konakova, Y. Y. Kudryk, P. Lytvyn, V. Milenin et al., A silicon carbide thermistor. Semicond. Phys. Quantum Electron. Optoelectron. 9, 67-70 (2006)

［24］ V. Balakrishnan, H. -P. Phan, T. Dinh, D. V. Dao, N. -T. Nguyen, Thermal flow sensors for harsh environments. Sensors 17, 2061 (2017)

［25］ V. Balakrishnan, T. Dinh, H. -P. Phan, D. V. Dao, N. -T. Nguyen, Highly sensitive 3C-SiC on glass based thermal flow sensor realized using MEMS technology. Sens. Actuators A Phys. (2018)

［26］ T. Dinh, H. -P. Phan, A. Qamar, P. Woodfield, N. -T. Nguyen, D. V. Dao, Thermoresistive effect for advanced thermal sensors: fundamentals, design considerations, and applications. J. Microelectromech. Syst. 26, 966-986 (2017)

［27］ E. Meng, P. -Y. Li, Y. -C. Tai, A biocompatible Parylene thermal flow sensing array. Sens. Actuators A Phys. 144, 18-28 (2008)

［28］ C. Chen, Evaluation of resistance-temperature calibration equations for NTC thermistors. Measurement 42, 1103-1111 (2009)

［29］ S. M. Sze, K. K. Ng, Physics of Semiconductor Devices (John Wiley & Sons, Hoboken, 2006)

［30］ P. Yih, J. Li, A. Steckl, SiC/Si heterojunction diodes fabricated by self-selective and by blanket rapid thermal chemical vapor deposition. IEEE Trans. Electron Devices 41, 281-287 (1994)

［31］ N. Zhang, C. -M. Lin, D. G. Senesky, A. P. Pisano, Temperature sensor based on 4H-silicon carbide pn diode operational from 20℃ to 600℃. Appl. Phys. Lett. 104, 073504 (2014)

［32］ S. Rao, G. Pangallo, F. Pezzimenti, F. G. Della Corte, High-performance temperature sensor based on 4H-SiC Schottky diodes. IEEE Electron Device Lett. 36, 720-722 (2015)

［33］ S. Rao, G. Pangallo, F. G. Della Corte, Highly linear temperature sensor based on 4H-silicon carbide pin diodes. IEEE Electron Device Lett. 36, 1205-1208 (2015)

[34] S. Rao, G. Pangallo, F. G. Della Corte, 4H-SiC pin diode as highly linear temperature sensor. IEEE Trans. Electron Devices 63, 414-418 (2016)

[35] S. B. Hou, P. E. Hellström, C. M. Zetterling, M. Östling, 4H-SiC PIN diode as high temperature multifunction sensor. Mater. Sci. Forum 630-633 (2017)

[36] T. Dinh, H.-P. Phan, N. Kashaninejad, T.-K. Nguyen, D. V. Dao, N.-T. Nguyen, An on-chip SiC MEMS device with integrated heating, sensing and microfluidic cooling systems. Adv. Mater. Interfaces 1, 1 (2018)

[37] T. Dinh, H.-P. Phan, D. V. Dao, P. Woodfield, A. Qamar, N.-T. Nguyen, Graphite on paper as material for sensitive thermoresistive sensors. J. Mater. Chem. C 3, 8776-8779 (2015)

[38] T. Dinh, H.-P. Phan, T. Kozeki, A. Qamar, T. Fujii, T. Namazu et al., High thermosensitivity of silicon nanowires induced by amorphization. Mater. Lett. 177, 80-84 (2016)

[39] T. Neda, K. Nakamura, T. Takumi, A polysilicon flow sensor for gas flow meters. Sens. Actuators A Phys. 54, 626-631 (1996)

[40] C. Lyons, A. Friedberger, W. Welser, G. Muller, G. Krotz, R. Kassing, A high-speed mass flow sensor with heated silicon carbide bridges, in Proceedings MEMS 98. The Eleventh Annual International Workshop on Micro Electro Mechanical Systems, 1998, 1998, pp. 356-360

[41] R. Ahrens, K. Schlote-Holubek, A micro flow sensor from a polymer for gases and liquids. J. Micromech. Microeng. 19, 074006 (2009)

[42] J.-G. Lee, M. I. Lei, S.-P. Lee, S. Rajgopal, M. Mehregany, Micro flow sensor using polycrystalline silicon carbide. J. Sens. Sci. Technol. 18, 147-153 (2009)

[43] P. Bruschi, M. Dei, M. Piotto, A low-power 2-D wind sensor based on integrated flow meters. IEEE Sens. J. 9, 1688-1696 (2009)

[44] M. I. Lei, Silicon Carbide High Temperature Thermoelectric Flow Sensor (Case Western ReserveUniversity, 2011)

[45] S. Issa, H. Sturm, W. Lang, Modeling of the response time of thermal flow sensors. Micromachines 2, 385-393 (2011)

[46] C. Sosna, T. Walter, W. Lang, Response time of thermal flow sensors with air as fluid. Sens. Actuators A Phys. 172, 15-20 (2011)

［47］ H. Berthet, J. Jundt, J. Durivault, B. Mercier, D. Angelescu, Time-of-flight thermal flowrate sensor for lab-on-chip applications. Lab Chip 11, 215-223 (2011)

［48］ A. S. Cubukcu, E. Zernickel, U. Buerklin, G. A. Urban, A 2D thermal flow sensor with sub-mW power consumption. Sens. Actuators A Phys. 163, 449-456 (2010)

［49］ X. She, A. Q. Huang, Ó. Lucía, B. Ozpineci, Review of silicon carbide power devices and their applications. IEEE Trans. Ind. Electron. 64, 8193-8205 (2017)

［50］ J. W. Judy, Microelectromechanical systems (MEMS): fabrication, design and applications. Smart Mater. Struct. 10, 1115 (2001)

［51］ F. Mailly, A. Martinez, A. Giani, F. Pascal-Delannoy, A. Boyer, Design of a micromachined thermal accelerometer: thermal simulation and experimental results. Microelectron. J. 34, 275-280 (2003)

［52］ G. M. Rebeiz, RF MEMS: Theory, Design, and Technology (John Wiley & Sons, Hoboken, 2004)

［53］ S. -H. Tsang, A. H. Ma, K. S. Karim, A. Parameswaran, A. M. Leung, Monolithically fabricated polymermems 3-axis thermal accelerometers designed for automated wire-bonder assembly, in IEEE 21st International Conference on Micro Electro Mechanical Systems, 2008. MEMS 2008, 2008, pp. 880-883

［54］ T. X. D. Van Thanh Dau, D. V. Dao, S. Sugiyama, Design and simulation of a novel 3-DOF Mems Convective Gyrosope. IEEJ Trans. Sens. Micromach. 128, 219-224 (2008)

［55］ P. R. Gray, P. J. Hurst, R. G. Meyer, S. H. Lewis, Analysis and Design of Analog Integrated Circuits (John Wiley & Sons, New York, 2008)

［56］ A. Singh, Film thickness and grain size diameter dependence on temperature coefficient of resistance of thin metal films. J. Appl. Phys. 45, 1908-1909 (1974)

［57］ F. Lacy, Developing a theoretical relationship between electrical resistivity, temperature, and film thickness for conductors. Nanoscale Res. Lett. 6, 1 (2011)

［58］ F. Lacy, Using nanometer platinum films as temperature sensors (constraints from experimental, mathematical, and finite-element analysis) . IEEE Sens. J. 9, 1111-1117 (2009)

［59］ A. Feteira, Negative temperature coefficient resistance (NTCR) ceramic thermistors: an industrial perspective. J. Am. Ceram. Soc. 92, 967-983 (2009)

第 4 章　SiC MEMS 传感器的制备

　　摘　要　本章介绍了高质量 SiC 生长方法，提出包含选择性掺杂在内的 n 型和 p 型 SiC 掺杂方法。引入了包括湿法刻蚀和氧化等多种制备方法，介绍了 SiC 欧姆接触和肖特基接触的基本性质。本章还给出实现悬臂梁和膜等标准 MEMS 结构的制造过程的简要示例。

　　关键词　深反应离子刻蚀（DRIE）、化学气相沉积（CVD）、欧姆接触、肖特基接触

4.1　生长与掺杂

4.1.1　SiC 的生长

　　采用种子升华法成功地生长了 4H-SiC 和 6H-SiC 单晶六方圆片[1,2]。例如，4H-SiC 可通过高温化学气相沉积（DTCVD）工艺从种子晶体中生长出来，4H-SiC 和 6H-SiC 块晶体的生长通过物理气相输运已得到验证[3-5]。尽管 Cree Inc 从 20 世纪 90 年代开始就进行了商业化发展，但这些六方晶元的成本仍居高不下，因为它需要高达 1500～2400℃的温度才能实现较快的生长速率[6]。4H-SiC 和 6H-SiC 被广泛应用于商业化高功率电子

器件。然而，由于刻蚀和释放悬浮结构等后续制造过程的困难，六方 SiC 在 MEMS 传感器中的应用仍非常有限[7-9]。

在大面积 Si 衬底上生长立方 SiC（3C-SiC）是 MEMS 传感器的重要研究方向，因为它是降低 SiC 晶片成本的有效替代方案，并且可方便地制造 MEMS 结构[10-17]。3C-SiC 主要有物理沉积和化学沉积两种生长途径。SiC 薄膜的物理沉积，通常是指等离子体轰击 SiC 靶材并在衬底上沉积 SiC 材料的溅射方法。

化学气相沉积（CVD）方法用于高结晶度和高质量薄膜的生长。SiC 化学气相沉积是通过反应气体（如硅烷 SiH_4 和丙烯 C_3H_6）在高温室中分解并在基底上形成 SiC。SiC CVD 生长的第一种技术是常压化学气相沉积（APVCD）。在这种方法中，先使用碳化工艺清洁 Si 衬底，然后再使用 Si 和 C 前驱体在 1300℃ 的高温下生长 SiC[18,19]。该方法提供了 n 型和 p 型掺杂 SiC 膜的外延高生长速率。低压化学气相沉积（LPCVD）是第二种 CVD 方法，采用低腔室压力且具有低得多的生长速率（＜1nm/循环）和更多的前驱物。这种方法可产生高质量的薄膜，薄膜具有更好的厚度均匀性（150mm 晶圆上厚度大于 99%）和平滑度（粗糙度小于 5nm RMS）[20]。因此，LPCVD 已成为 MEMS 领域中在 Si、SiO_2、Si_3N_4 等不同衬底上生长 SiC 薄膜的常用方法。另一方面，等离子体增强化学气相沉积（PECVD）可在 200～400℃ 更低沉积温度进行[21,22]，因此该方法适合于 IC-MEMS 加工以及 MEMS 组件的涂层/保护。这种方法通常用于生长无定形 SiC，并且需要在退火后再结晶 SiC。表 4.1 总结了这些 CVD 方法的优缺点，图 4.1 显示了基于 CVD 的 SiC 生长方法的示意图。

表 4.1　化学气相沉积法生长 SiC 薄膜

途径	温度/℃	气压	生长速度	前驱体
APCVD	1300	大气压	高	有限
LPCVD	1000	低压	低	多样
PECVD	200～400	—	—	多样

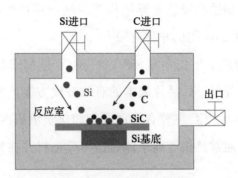

图 4.1   化学气相沉积法

4.1.2   SiC 掺杂

SiC MEMS 器件掺杂通常在外延生长过程（即外延掺杂）中进行，并且在生长过程之后使用离子注入实现，即选择性掺杂[23,24]。由于 SiC 较高的键合强度以及低于 1800℃时的低扩散系数，通过离子注入来掺杂 SiC 难度较大。特别地，离子注入需高温注入和后续的高温退火（500~1700℃）来激活掺杂剂。这种方法会导致 SiC 晶格损伤，并进一步导致材料在室温下的非晶化和高缺陷密度。然而，离子注入在逻辑器件和嵌入式传感元件的选择性掺杂方面有自身优势。

外延掺杂提供了两种常见类型掺杂剂（n 型氮和 p 型铝），可以实现 $10^{14} \sim 10^{19} \, \text{cm}^{-3}$ 的宽掺杂范围。表 4.2 显示了 SiC 外延掺杂中不同类型的掺杂材料。

表 4.2   SiC 薄膜外延掺杂的物质

掺杂类型	Lely 工艺	液相外延	化学气相沉积
n 型	N_2, P	N_2	N_2, NH_3, PH_3, PCl_3
p 型	Ga, B 和 Al	Al	$Al(CH_3)_3$, $Al(C_2H_5)_3$, B_2H_6, BBr_3, $AlCl_3$

外延掺杂工艺中，可通过调整 Si/C 源气体比例对掺入 SiC 晶格位置的掺杂剂量进行控制。外延掺杂的机理是，用 N 替换 SiC 中的 C 实现 n 型掺杂，用 Al 替换 SiC 中的 Si 实现 p 型掺杂，该技术还用于将硼和磷掺杂到

SiC 晶格中。一般来说，p 型掺杂比 n 型掺杂面临的挑战更大，并且需要更高的温度在所需能量（电离能）之上激活受体。外延掺杂在无晶格损伤方面具有优势，因此，可有效避免缺陷形成和高温退火要求。

4.2　SiC 刻蚀

SiC 刻蚀技术可分为干法刻蚀和湿法刻蚀两种，相比而言，后者成本低、工艺简单，可用于缺陷的确定。无缺陷 SiC 和局部缺陷区的刻蚀速率随刻蚀剂及刻蚀条件的不同而有所差异，因此基于此可采用缺陷选择性刻蚀。湿法刻蚀是典型的各向同性刻蚀方法。不同于湿法刻蚀，干法刻蚀通过高度的各向异性来制备高深宽比结构。由于对不同材料刻蚀选择性低，干法刻蚀容易引起离子轰击，造成表面损伤。

SiC 湿法刻蚀，通过对 SiC 表面进行氧化并随后溶解氧化物。湿法刻蚀可分为化学常规刻蚀和电化学刻蚀两类。SiC 不同的刻蚀方法以及分类情况如图 4.2 所示[25,27-29]。阳极湿法刻蚀，基于偏置电压用空穴代替键合电子实现对 SiC 氧化，并置于 KOH 等电解质中溶解产生的氧化物。与阳极刻蚀类似，化学刻蚀需要施加外部电压来耗尽价带的电子。氧化过程由电解液中的氧化剂所驱动。光源能量高于能隙 E_g 时光致空穴有助于 SiC 氧化，同时，光生电子通过氧化剂的还原而被消耗，该方法被称为光辅助化学刻蚀。如果光生电子通过还原对电极上的反应而被消耗，则称为光电化学刻蚀（所需的电接触和对电极）。

化学刻蚀使用刻蚀剂活性分子来打破 SiC 化学键而形成氧化物，随后在刻蚀剂中进行溶解[25]。该方法无需电解质和外部电压。然而 SiC 化学惰性使通过常规溶液进行化学刻蚀面临巨大的挑战。通过使用磷酸（加热到 215℃）或碱性溶液 $K_3Fe(CN)_6$（加热到 100℃以上）可对 SiC 进行化学刻蚀，但刻蚀速率非常低，甚至不可行。单晶 SiC 通常需要在化学腐蚀前进行非晶化处理。通过注入高剂量离子（如 Xe^+）进行非晶化，然后在酸溶

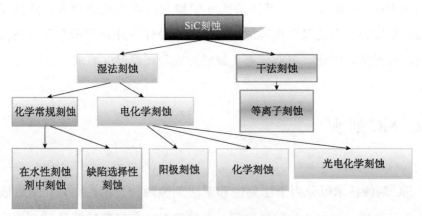

图 4.2　SiC 刻蚀方法分类[25,26]

液（如 HF 与 HNO$_3$摩尔比为 1∶1）中进行化学刻蚀以获得光滑的表面。
由于化学刻蚀非常困难，4.2.1 节将讨论更为普遍的 SiC 电化学刻蚀。

4.2.1　电化学刻蚀

电化学刻蚀涉及硅化合物的氧化过程，如 SiO$_x$和 CO$_x$的氧化，表现在如下反应中[30-34]：

$$SiC + 4H_2O + 8h^+ \longrightarrow SiO_2 + CO_2 + 8H^+ \tag{4.1}$$

$$SiC + 2H_2O + 8h^+ \longrightarrow SiO + CO + 4H^+ \tag{4.2}$$

$$SiO_2 + 6HF + 2H^+ \longrightarrow SiF_6^{2-} + 2H_2O \tag{4.3}$$

常使用的几种电解质主要包括 KOH、NaOH 和 HF，但不仅限于这几种。通过电化学方法，可对 β-SiC（3C-SiC）进行直接刻蚀。但 α-SiC（4H-SiC 和 6H-SiC）电化学刻蚀会导致 SiC 的非晶化，因此，刻蚀前需要进行热氧化处理。HF 溶液借助光照射可实现对 n 型 3C-SiC 的刻蚀。试验证明，与绿光照射相比，紫外线辅助 HF 刻蚀具有更高的 SiC 刻蚀速率（比绿光高出 100 倍）。然而，α-SiC 的光辅助刻蚀通常会形成氧化层，并且需要后续步骤进行刻蚀。

在 HF 溶液中对 α-SiC 进行阳极刻蚀通常会形成多孔 SiC，被热氧化后该多孔层通过氧化物刻蚀工艺去除。在 SiC 基 p-n 结中，n 型 SiC 对 p 型 SiC 的刻蚀选择性为 10^5。要实现 p 型 SiC 在 n 型 SiC 上的刻蚀，通常需要在暗室条件下借助阳极刻蚀实现。

4.2.2　化学刻蚀

在化学刻蚀中，缺陷选择刻蚀更适合确定 SiC 晶体中的位错、纳米管以及反转畴等缺陷[35-37]。SiC 晶体中平面缺陷和层错对电学及光学性能影响较大，因此，揭示 SiC 晶体中位错的研究引起了人们的广泛关注。SiC 刻蚀通常在 $KClO_3$、K_2CO_3、K_2SO_4 及 KNO_3 等熔盐中进行，然而刻蚀不稳定且需要温度高达 $900\sim1000℃$。刻蚀 KOH 及其与其他盐的混合物可以将刻蚀温度降低到 $300\sim600℃$。尤其需要注意的是，基于这些盐溶液刻蚀 SiC 的过程中必须存在氧气，氧气来自 Na_2O_2 分解或者周围环境中。相关结果表明，刻蚀过程中存在表面氧化，氧气的存在可将刻蚀速率提高到原来的 2.5～5 倍。

4.2.3　干法刻蚀或反应离子刻蚀

由于湿法刻蚀需在高温条件或复杂的光辅助条件下进行，基于等离子体（干法）刻蚀工艺在 SiC MEMS 器件制备中发挥了重要作用[38-40]。在 SiC 干法刻蚀中，氟化气体和氧气混合物可用于去除硅和碳原子[28,29]，反应式如下：

$$Si + mF \longrightarrow SiF_m \quad (m = 1 \sim 4) \tag{4.4}$$

$$C + mF \longrightarrow CF_m \tag{4.5}$$

$$C + nO \longrightarrow CO_n \quad (n = 1 \sim 2) \tag{4.6}$$

反应组合如下：

$$SiC + mF + nO \longrightarrow SiF_m + CO_n + CF_m \quad (n = 1 \sim 2) \tag{4.7}$$

在氟化气体中添加 5％～20％的氧含量时，刻蚀速率将达到最高值。

另外，SiC 的干法刻蚀或反应离子刻蚀（RIE）工艺可在氟化气体和氧气的混合气体中进行，包括 CHF_3/O_2，$CBrF_3/O_2$，CF_4/O_2，SF_6/O_2，NF_3/O_2 等。SiC 的 RIE 刻蚀也在氟化物气体的混合气体中进行，如 CF_4/CHF_3、SF_6/CHF_3、NF_3/CHF_3 和 SF_6/NF_3。表 4.3 给出了具有刻蚀速率的不同类型源气体的几种刻蚀条件。SiC 的 RIE 刻蚀表明，刻蚀速率在每分钟 $1\mu m$ 到几纳米之间波动，同时随输入射频功率的增大而增大。

表 4.3   3C-SiC，4H-SiC 和 6H-SiC 的反应离子刻蚀[28]

多型体结构	工艺类型	源气体	刻蚀条件 （压力，功率，偏置，流量）	刻蚀速率/ (nm/min)
3C-SiC	RIE (rf)	CF_4/O_2	$180 \sim 200mTorr^*$，$0.8W/cm^2$，67% O_2，33% CF_4	6～26
4H-SiC，6H-SiC	RIE (rf)	SF_6	20mTorr，250W，$-220 \sim -250V$，20sccm、35sccm	49, 42, 57, 53
6H-SiC	RIE (rf)	SF_6/O_2 NF_3/O_2	20mTorr，200W，$-220\sim-250V$，SF_6：O_2=18：2（sccm）、NF_3：O_2=18：2（sccm）	45, 57
6H-SiC	RIE (rf)	SF_6/O_2	50mTorr，200W，$-250V$，SF_6：O_2=5：5（sccm）	36
6H-SiC	RIE (rf)	SF_6/O_2 CF_4/O_2 混合 N_2	190mTorr，300W，CF_4：O_2：N_2=40：15：10（sccm）、SF_6：O_2：N_2=40：2：0（sccm）	220, 300
4H-SiC，6H-SiC	RIE (rf)	NF_3	20mTorr，250W，$-220 \sim -250V$，20sccm、35sccm	56.5, 54.0, 63.0
4H-SiC，6H-SiC	RIE (rf)	NF_3	225mTorr，275W，$-25\sim-50V$，95～110sccm	150
6H-SiC	RIE (rf)	$Cl_2/SiCl_4/O_2$ 和 Ar/N_2	190mTorr，300W，Cl_2：$SiCl_4$：O_2：N_2=40：20：8：10（sccm），Cl_2：$SiCl_4$：O_2：Ar=40：20：0：10（sccm）	160, 190
3C-SiC，6H-SiC	RIE（微波）	SF_6/O_2	1mTorr，1，200W，$-20 \sim -110V$，SF_6：O_2=4：0～8（sccm），SF_6：O_2=4：0～6（sccm）	100～270
4H-SiC，6H-SiC	RIE（微波）	CF_4/O_2	1mTorr，650W，$-100V$，CF_4：O_2=41.5：8.5（sccm）	70

* $1Torr=1.333\times10^2Pa$。

4.3　SiC 的欧姆接触和肖特基接触

4.3.1　欧姆接触

欧姆接触是指在不限制电流通过时金属电极和半导体之间的连接。图 4.3 显示了 n 型半导体与金属之间形成的欧姆接触。当半导体的功函数 Φ_s 大于金属的功函数 Φ_m 时，金属中的电子将通过隧道进入半导体导带，直到达到平衡时电子无法运动，导致整个系统费米能级一致。累积区在金属和半导体结合部由附近的多余电子形成。结的两边都存在电子，因此外加电场作用时电子可自由穿过屏障。由于累积区的存在，同时金属电子密度比半导体更高，向系统施加电压时具有更小的电阻和压降。

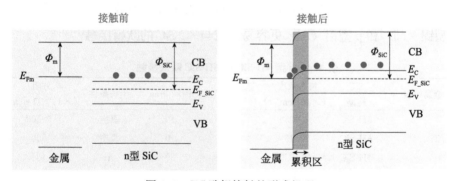

图 4.3　SiC 欧姆接触的形成机理

SiC 欧姆接触对于开发恶劣环境 SiC MEMS 传感器至关重要。金属接触退化和大比接触电阻是高温 SiC 传感器和大功率 SiC 电子设备面临的重大挑战。金属/SiC 接触的退化是长期在高温使用中形成的氧化物和硅化物所致。因此，采用多层金属可以保持低比接触电阻、优异的抗氧化性以及稳定接触。为形成欧姆接触，金属和 SiC 间势垒应尽可能低[41,42]：

$$q\Phi_B = q\Phi_m - \chi_s \tag{4.8}$$

式中，$q\Phi_m$ 和 χ_s 分别代表金属的功函数和电子亲和能。几乎所有金属的功函数都介于 4.5eV 和 6eV 之间，而 n 型 SiC 电子亲和能为 4eV，p 型 SiC 电子亲和能为 7eV[43-45]。这给 SiC 形成低接触电阻的欧姆接触带来极大挑战，因此在形成 SiC 欧姆接触中高温退火条件至关重要。Ti 和 Ni 是用于 SiC 欧姆接触的典型金属，能够达到 $10^{-4} \sim 10^{-6} \Omega \cdot cm^2$ 低接触电阻[46-51]。

n 型 SiC 欧姆接触通常由 800～1100℃高温退火形成。上述条件下，界面处存在复杂的相互作用和扩散导致很难揭示欧姆接触的形成机理。有人对高温下 Ni_2Si 和 $TiSi_2$ 等硅化物/碳化物的形成以及 SiC 中 C 原子扩散提出假设[46]，认为 C 原子充当供体通过降低势垒高度以形成欧姆接触。

通常使用 Ti/Al 和 Ni/Ti/Al 的叠层来实现 p 型 SiC 欧姆接触。Al_3C_4 和 Ti_3SiC_2 的存在可降低金属/SiC 肖特基势垒的高度。研究表明，p 型 SiC 欧姆接触的 Al 基触点在高温下扩散导致形成重掺杂层并降低接触电阻。表 4.4 总结了 n 型 4H-/6H-SiC 欧姆接触的最新研究进展。此外，表 4.5 显示了 p 型 4H-/6H-SiC 欧姆接触的不同退火条件和参数。需要注意，使用 n 型镍（Ni）和 p 型铝（Al）更容易形成与 3C-SiC 的欧姆接触[16,51,55-57]。

表 4.4　n 型 4H-SiC 和 6H-SiC 欧姆接触[42]

金属电极	SiC 构型	掺杂浓度/ ($\times 10^{18} cm^{-3}$)	退火温度/ ℃	时间/min	生长条件	方阻/ ($\times 10^{-5} \Omega \cdot cm^2$)
Ni	6H-SiC	0.0055	1070	10	真空	＞800
Ni/Ti	6H-SiC	0.45	960	10	真空	500
C	4H-SiC	13	1050	30	Ar	431
Ni	6H-SiC	1	1000	5	Ar	300
Ti/Sb/Ti	6H-SiC	0.35	960	10	真空	～270
Ti	6H-SiC	0.35	960	10	真空	～250
Ti	4H-SiC		未退火			225
Ni/Ti	6H-SiC	0.47	1065	10	真空	105
Pt/Si	6H-SiC	0.35	1065	15	真空	100
Ni	6H-SiC	0.55	960	10	真空	80
Si	6H-SiC	0.55	960	10	真空	80
Ti/Sb/Ti	6H-SiC	2.3	960	10	真空	～77
Ti/Al/Ti	6H-SiC	2.3	1065	10	真空	73.6
Ni/Si	6H-SiC	15	300	540	N_2	69

续表

金属电极	SiC 构型	掺杂浓度/ ($\times 10^{18}$ cm^{-3})	退火温度/ ℃	时间/min	生长条件	方阻/ ($\times 10^{-5}\Omega \cdot$ cm^2)
Ti/TiN/Pt/ Ti/Ti	4H-SiC	30	1050	N. R.	Ar	65
Ti	6H-SiC	2. 3	960	10	真空	~55
Ti$_3$SiC$_2$	4H-SiC	15	950	1	Ar	50
Si/WNi	4H-SiC	5~7	1100	60	Ar	50
C	4H-SiC	13	1350	30	Ar	43
Ni	6H-SiC	1. 7	960	10	真空	42
TiW	4H-SiC	50	950	5	Ar	40. 8
Pt	4H-SiC	4. 2	1150	15	真空	40
Au/TaSiN/ Ni/Si	4H-SiC	N. R.	1000	3	N$_2$	~40
Au/Ni/Si	4H-SiC	N. R.	1000	3	N$_2$	~40
Pt/TaSi$_x$/Ni	4H-SiC	11	950	30	Ar	35
Pt/TaSi$_x$/Ni	4H-SiC	0. 01	900	5	Ar	34
Ni/Ti	6H-SiC	1. 7	970	10	真空	33
Ta/Ni/Ta	6H-SiC	0. 6	800	10	Ar	30
WSi$_2$	6H-SiC	>10	1000	20	H$_2$	24
Ni/Ti	6H-SiC	19	960	10	真空	22
Ti/TiN/Pt/ Ti/Ni	4H-SiC	30	950	N. R.	Ar	21
Ti	4H-SiC	1	400	5	N$_2$	20. 7
Co/C	4H-SiC	1. 6	800	120	真空	20. 4
Al/Ti/N	4H-SiC	10	800	30	UHV	20
Al/Ni	4H-SiC	13	1000	5	UHV	18
Ti/InN	4H-SiC	9. 8		未退火		18
Pt/TaSi$_2$/Ti	6H-SiC	7	600	30	N$_2$	16. 8
Nb	4H-SiC	3	1000	10	真空	15. 3
Ni	6H-SiC	19	960	10	真空	15
Ni/C	4H-SiC	1. 6	800	120	真空	14. 3

表 4.5　p 型 4H-SiC 和 6H-SiC 欧姆接触[42]

金属电极	SiC 构型	掺杂浓度/ ($\times 10^{18}$ cm^{-3})	退火温度/ ℃	时间/min	生长条件	方阻/ ($\times 10^{-5}\Omega \cdot$ cm^2)
Ni/Al	4H-SiC	7. 2	1000	5	UHV	1200
Ni/Ti/Al	4H-SiC	4. 5	800	30	UHV	220
Ni/Ti	4H-SiC	~100	950	~1	N$_2$	130

续表

金属电极	SiC 构型	掺杂浓度/ ($\times 10^{18}$ cm^{-3})	退火温度/ ℃	时间/min	生长条件	方阻/ ($\times 10^{-5}$ Ω·cm^2)
Ni	4H-SiC	100	1000	1	N$_2$	~100
Au/NiAl	4H-SiC	>100	600	30	真空	~80
Au/NiAl/Ti	4H-SiC	>100	600	30	真空	~50
Al	4H-SiC	4.8	1000	2	真空	42
Al	4H-SiC	4.8	1000	2	真空	42
Ti/Al	6H-SiC	16	900	4	N$_2$	40
Co/Si/Ti	4H-SiC	3.9	850	1	真空	40
Pt/Si	6H-SiC	7	1100	5	真空	28.9
Al/Ti/Al	4H-SiC	4.8	1000	2	真空	25
Au/Pt-N/ TaSiN/Al70Ti30	4H-SiC	~1000	1000	2	真空	~20
Si/Al/Ti	4H-SiC	24	1020	2.5	Ar	17
Pt	4H-SiC	10	1100	5	真空	~15
Al/Ti/Ge	4H-SiC	4.5	600	30	真空	10.3
AlSiTi	4H-SiC	30~50	950	7	Ar	9.6
Au/CrB$_2$	6H-SiC	13	1100	15	真空	9.58
Ni/Pt/Ti/Al	4H-SiC	6~8	1000	2	真空	9
Al/Ti/Ni	4H-SiC	4.5	800	30	真空	7
Au/Pt-N/ TaSiN/Ni (7% V)	4H-SiC	~1000	900	1	真空	~8
Ti/Al	4H-SiC	10	1000	2	真空	~7
Al/W	4H-SiC	100	850	1	Ar	6.8
Au/Sn/Pt/ TaRuN/Ni/Al	4H-SiC	1000	N.R.	N.R.	N.R.	2
W/NiAl/Ti	4H-SiC	>100	975	2	Ar	~5.5
Pd	4H-SiC	50	700	5	N$_2$	5.5
Al/Ti	4H-SiC	100	850	1	Ar	4.8
Pt/Si	4H-SiC	10	1000	5	真空	~4.4
Au/Pd	4H-SiC	30~50	850	15	Ar	4.19
Au/Pd/Al	4H-SiC	30~50	900	5	Ar	4.08
W/Ni/Al	N.R.	10	850	2	N.R.	4

续表

金属电极	SiC 构型	掺杂浓度/ ($\times 10^{18} cm^{-3}$)	退火温度/ ℃	时间/min	生长条件	方阻/ ($\times 10^{-5} \Omega \cdot cm^2$)
Ni	4H-SiC	100	1000	1	Ar	~3
Au/Pd/Ti/Pd	4H-SiC	30~50	900	N. R.	Ar+1％H₂	2.9
Au/Ta/ TaRu/Ni	4H-SiC	~1000	850	1	Ar	~2
TiC	4H-SiC	20	500	3	Ar+10％ H₂	2
Ti/Al	4H-SiC	4.5	1000	2	真空	2
Au/TiW/ Ti/Pd	4H-SiC	100	400+850	1.5+1	N₂	1.6
Au/Ti/Al	4H-SiC	30~50	900	5	Ar+1％ H₂	1.42
Al-Ti	N. R.	13	1000	2	真空	1.1
Au/Ru/TaRu/ Ni/Al	4H-SiC	~1000	850	1	Ar	~1
Al/Ti/Al	4H-SiC	10	1050	10	N. R.	0.5
Al/Ti	4H-SiC	10	1050	N. R.	Ar	0.1

聚焦离子束技术最近被用于将生长在 Si 衬底上的 3C-SiC 膜转移到玻璃基板[58]。首先，SiC 膜从 Si 衬底上释放，并使用聚焦离子束（FIB）切割为框架。将 SiC 框架放置到带有两个预沉积铝触点的玻璃基板上。然后，使用钨进行黏合以形成 SiC 框架和 Al 间的欧姆接触。图 4.4（a）所示为具有 Al/W/SiC 欧姆接触的器件示意图，平台的扫描电镜（SEM）图像如图 4.4（b）所示。如图 4.4（c）所示，通过在不同温度下的电流-电压测量对欧姆接触进行确认。不同温度的线性 I-V 特性表明，SiC 和 Al/W 触点之间具有良好的欧姆接触。

4.3.2　肖特基接触

类似欧姆接触，SiC 肖特基接触如图 4.5 所示。热平衡将电子从半导体带到金属上，直到费米能级实现在整个系统中的均匀分布并形成势垒 Φ_B，即肖特基势垒高度。通过接触的电流密度 J 可以描述为

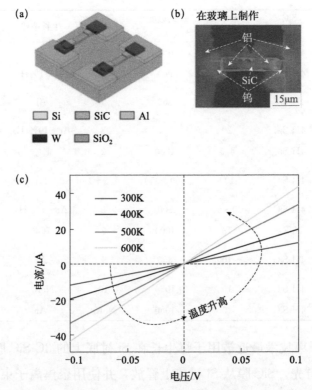

图 4.4　钨（W）和铝（Al）与 p 型 3C-SiC 的欧姆接触。经文献许可转载[58]

$$J = J_0 \left[\exp\left(\frac{eV}{nkT}\right) - 1 \right] \tag{4.9}$$

式中，V 是外部电场；n 是理想因子。图 4.6（a）所示为一种 n 型 4H-SiC 的 Ti/Al 堆栈肖特基二极管结构，可用于开发高性能温度传感器[52,61]。图 4.6（b）显示了肖特基势垒在高温下的电流-电压特性。肖特基温度传感器的灵敏度为 5.11mV/K，温度达到 300℃ 时仍具有较好的线性度和长期稳定性，代表目前报道 SiC 肖特基温度传感器的最高性能。

肖特基温度传感器的肖特基势垒和理想因子可通过测量 I-V 特性进行计算。最近的研究表明，肖特基势垒和理想因子在不同高温时均具有良好的稳定性。由图 4.7 中可以看出，理想因子随着温度的升高而略有增加，肖特基势垒约为 1.6eV[62]。

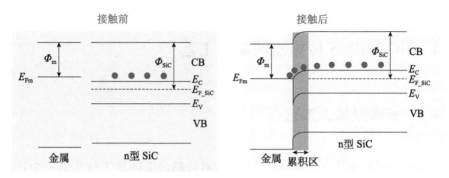

图 4.5　n-型 SiC 与金属间的肖特基接触[59,60]

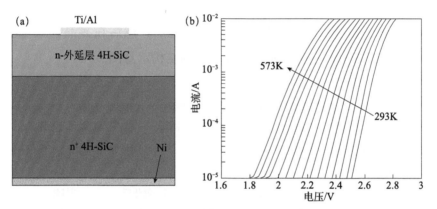

图 4.6　（a）n 型 4H-SiC 和 Ti/Al 金属接触形成的肖特基二极管结构；（b）SiC 肖特基二极管电流-电压特性。经文献许可转载[61]

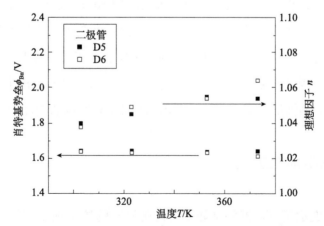

图 4.7　肖特基势垒和理想因子对温度的依赖关系。经文献许可转载[62]

4.4　SiC MEMS 传感器的制造工艺

4.4.1　表面微加工工艺

图 4.8 所示为用于制造 SiC MEMS 器件的表面微加工技术的一个标准示例。第一步是在 Si 衬底上沉积绝缘材料（如二氧化硅和氮化硅）。理想绝缘层材料通常与 SiC 具有相近的热膨胀特性，特别是高温应用场合。下一步是沉积多晶硅层或氧化层作为后续牺牲层，然后在多晶硅层上生长 SiC 材料层。图 4.8（a）显示了上述平台的结构示意图。

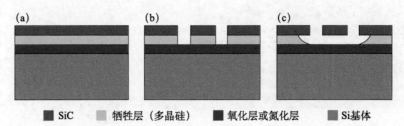

■ SiC　　■ 牺牲层（多晶硅）　　■ 氧化层或氮化层　　■ Si基体

图 4.8　SiC MEMS 器件表面微加工技术。（a）SiC/多晶硅/氧化层（氮化层）/硅的生长；（b）图形化 SiC 及牺牲层；（c）腐蚀牺牲层并释放 SiC 结构

利用多晶硅作为牺牲层，可以很容易地用 KOH 或 TMAH 进行刻蚀和图案化，达到释放 SiC 微结构的目的。由于最终的刻蚀工艺将去除牺牲区域的材料，因此，氧化物可作为底层硅的保护层。由于 SiC 对 HF 溶液具有很高的抵抗力，因此不需要对功能层进行保护。图 4.8（b）示出了图形化后形成的 SiC 层和牺牲层，图 4.8（c）所示为释放 SiC 结构的刻蚀步骤。

4.4.2　体微加工工艺

图 4.9 展示了 SiC 器件（如压力传感器）的体微加工工艺的简单工艺过程。

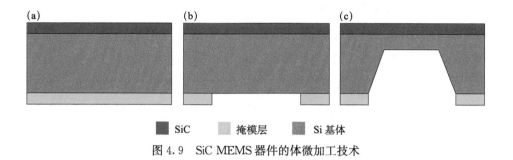

　　■ SiC　　■ 掩模层　　■ Si 基体

图 4.9　SiC MEMS 器件的体微加工技术

　　图 4.9（a）展示了从晶圆背面制备薄膜的初始结构。图 4.9（b）及（c）所示的工艺过程类似于用于绝缘体上硅（SOI）晶圆制造工艺。唯一不同的是，SiC 对腐蚀剂的高阻性起到了腐蚀自停止功能层的作用。另外，可从正面刻蚀来制造独立的 SiC 结构：首先，对 SiC 层进行刻蚀；然后，对硅衬底整体刻蚀。然而，常规湿法刻蚀方法对 4H-SiC 和 6H-SiC 体刻蚀速度很慢，比 3C-SiC 的刻蚀难度要大。近年来超薄 4H-SiC 膜的刻蚀工艺被提出，首先采用快速反应离子刻蚀（RIE）方法进行刻蚀，之后再采用掺杂选择性反应离子刻蚀（DSRIE）。上述工艺可用于生产厚度小于 $10\mu m$ 的 SiC 隔膜[63]。

　　最近一项工作研究了压力传感器批量制造的激光划线工艺[9]，图 4.10（a）为该压力传感器制造过程的四个主要步骤。制备工艺基于 4H-SiC 晶圆，该晶圆由顶部的 p 型掺杂层、中间的 n 型 4H-SiC 和底部的厚 4H-SiC 衬底层组成。在晶圆顶部的（0001）晶面上，采用功能性 p 型掺杂层制作 U 形布局结构的压阻器。步骤①中，采用光刻工艺对与压阻相同形状的光刻胶层进行图形化。在步骤②中，采用电感耦合等离子体（ICP）刻蚀工艺（步骤②使用刻蚀器）制备 4H-SiC 压阻。刻蚀时间根据 p 型掺杂层的厚度来确定，以确保压阻与 n 型衬底层实现隔离（图 4.10（a））。ICP 刻蚀速率约为 100nm/min。步骤③中，在 p 型掺杂层顶部制备 Ti/Al 金属层，然后使用光刻和刻蚀进行图形化处理。之后，Ti/Al 金属层在 1000℃氮气中退火，与 p 型 4H-SiC 压阻形成欧姆接触。退火前后的电阻分别为 $2.1M\Omega$ 和 $26.7k\Omega$。

　　4H-SiC 压阻及欧姆接触形成后，晶圆被切割成 10mm×10mm 小块。

制造过程中最重要的是，最后的制造步骤涉及紫外（UV）刻蚀工艺，即在带材背面形成一个方形光圈（图 4.10（a））。该步骤中使用的二极管泵浦 Nd/YVO₄ 激光器，最大功率为 1.5kW，平均划线功率为 1~3W。4H-SiC 带材连同压阻器被放置到激光系统的腔室中，聚焦后对 4H-SiC 带材背面进行刻蚀加工。按照刻蚀的顺序逐层去除材料，直到隔膜达到设计的深度值。与常规的湿法和干法刻蚀（如等离子刻蚀和深反应离子刻蚀）相比，上述的激光刻划工艺过程加工效率要更高。

图 4.10（b）所示为压力传感器顶部的 U 形 p 型 4H-SiC 压阻的扫描电镜图。图 4.10（b）显示了通过紫外激光划片工艺制造的隔膜深度。很明显，图中膜片表面的粗糙度比较大，未来需要开发相关制造技术以实现对紫外激光划片隔膜表面的平滑处理。

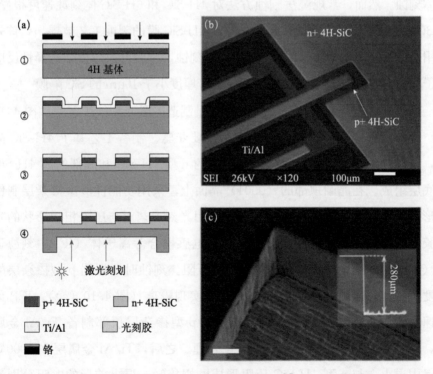

图 4.10　4H-SiC MEMS 压力传感器的激光刻划体微加工[9]。（a）工艺流程；（b）4H-SiC 晶圆上压敏电阻的扫描电镜（SEM）图；（c）由紫外激光划片形成压力传感器背面的扫描电镜图像。经文献许可转载[9]

4.4.3 集成冷却系统的 MEMS 器件的制备

图 4.11 所示为集成了加热、传感和微流控冷却系统的 SiC MEMS 器件的多个工艺步骤[64]。第一步，在 Si 衬底上生长高掺杂 n 型单晶立方 SiC 纳米薄膜（图 4.11，步骤（1））。然后，在 137kPa 压力和 1000V 条件下，采用阳极键合将 3C-SiC 纳米薄膜与玻璃基板键合（图 4.11，步骤（2））。

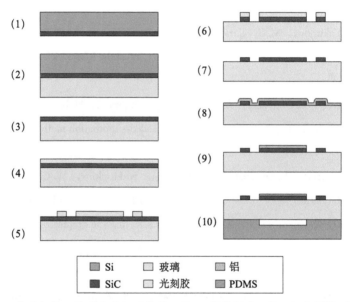

图 4.11 集成加热、传感和冷却系统的 MEMS 器件制造工艺。经文献许可转载[64]

接下来，Si 衬底通过湿法刻蚀被去除之后就形成了玻璃-SiC 平台结构（图 4.11，步骤（3））。下一步，使用甩胶机以约 4000r/min 转速在玻璃-SiC 晶圆顶部旋涂一层正性光刻胶（图 4.11，步骤（4））。光刻胶在 105℃下烘烤 1.5min 后，利用紫外线和显影剂进行图形化处理以形成加热和传感元件阵列（图 4.11，步骤（5））。光刻胶预图形化后再置于 120℃下烘烤 3min，为后续 SiC 刻蚀工艺做好准备。接下来，采用电感耦合等离子体（ICP）对 SiC 加热和传感部件进行刻蚀（图 4.11，步骤（6））。刻蚀腔的压力设置为约 2mTorr，随后利用功率约 120W 的等离子体进行刻蚀。SiC

层完全刻蚀时间约为 8min。刻蚀工艺完成后，光刻胶被完全移除（图 4.11，步骤（7））。然后，采用溅射工艺在样品顶部制备 Al 金属层（图 4.11，步骤（8））。下一步，通过光刻工艺对电极进行图形化处理（图 4.11，步骤（9））。最后，在氧等离子体的辅助下 PDMS 通道被键合到 SiC/玻璃平台的背面（图 4.11，步骤（10））。

参 考 文 献

[1] R. Yakimova, M. Syväjärvi, M. Tuominen, T. Iakimov, P. Råback, A. Vehanen et al., Seeded sublimation growth of 6H and 4H-SiC crystals. Mater. Sci. Eng., B 61, 54-57 (1999)

[2] J. Jenny, S. G. Müller, A. Powell, V. Tsvetkov, H. Hobgood, R. Glass et al., High-purity semiinsulating 4H-SiC grown by the seeded-sublimation method. J. Electron. Mater. 31, 366-369 (2002)

[3] D. Barrett, R. Seidensticker, W. Gaida, R. Hopkins, W. Choyke, SiC boule growth by sublimation vapor transport. J. Cryst. Growth 109, 17-23 (1991)

[4] H. Li, X. Chen, D. Ni, X. Wu, Factors affecting the graphitization behavior of the powder source during seeded sublimation growth of SiC bulk crystal. J. Cryst. Growth 258, 100-105 (2003)

[5] R. Yakimova, E. Janzén, Current status and advances in the growth of SiC. Diam. Relat. Mater. 9, 432-438 (2000)

[6] R. Puybaret, J. Hankinson, J. Palmer, C. Bouvier, A. Ougazzaden, P. L. Voss et al., Scalable control of graphene growth on 4H-SiC C-face using decomposing silicon nitride masks. J. Phys. D Appl. Phys. 48, 152001 (2015)

[7] T. -K. Nguyen, H. -P. Phan, T. Dinh, T. Toriyama, K. Nakamura, A. R. M. Foisal et al., Isotropic piezoresistance of p-type 4H-SiC in (0001) plane. Appl. Phys. Lett. 113, 012104 (2018) 724 Fabrication of SiC MEMS Sensors

[8] T. -K. Nguyen, H. -P. Phan, T. Dinh, A. R. M. Foisal, N. -T. Nguyen, D. Dao, High-temperature tolerance of piezoresistive effect in p-4H-SiC for harsh environment sensing. J. Mater. Chem. C (2018)

[9] T.-K. Nguyen, H.-P. Phan, T. Dinh, K. M. Dowling, A. R. M. Foisal, D. G. Senesky et al., Highly sensitive 4H-SiC pressure sensor at cryogenic and elevated temperatures. Mater. Des. (2018)

[10] A. R. MdFoisal, A. Qamar, H.-P. Phan, T. Dinh, K.-N. Tuan, P. Tanner et al., Pushing the limits of piezoresistive effect by optomechanical coupling in 3C-SiC/Si heterostructure. ACS Appl. Mater. Interfaces. 9, 39921-39925 (2017)

[11] A. R. M. Foisal, T. Dinh, P. Tanner, H.-P. Phan, T.-K. Nguyen, E. W. Streed et al., Photoresponse of a highly-rectifying 3C-SiC/Si heterostructure under UV and visible illuminations. IEEE Electron Device Lett. (2018)

[12] A. Qamar, P. Tanner, D. V. Dao, H.-P. Phan, T. Dinh, Electrical properties of p-type 3C-SiC/Si heterojunction diode under mechanical stress. IEEE Electron Device Lett. 35, 1293-1295 (2014)

[13] A. Qamar, H.-P. Phan, J. Han, P. Tanner, T. Dinh, L. Wang et al., The effect of device geometry and crystal orientation on the stress-dependent offset voltage of 3C-SiC (100) four terminal devices. J. Mater. Chem. C 3, 8804-8809 (2015)

[14] A. Qamar, D. V. Dao, J. Han, H.-P. Phan, A. Younis, P. Tanner et al., Pseudo-Hall effect in single crystal 3C-SiC (111) four-terminal devices. J. Mater. Chem. C 3, 12394-12398 (2015)

[15] A. Qamar, H.-P. Phan, T. Dinh, L. Wang, S. Dimitrijev, D. V. Dao, Piezo-Hall effect in single crystal p-type 3C-SiC (100) thin film grown by low pressure chemical vapor deposition. RSC Adv. 6, 31191-31195 (2016)

[16] A. Qamar, D. V. Dao, H.-P. Phan, T. Dinh, S. Dimitrijev, Fundamental piezo-Hall coefficients of single crystal p-type 3C-SiC for arbitrary crystallographic orientation. Appl. Phys. Lett. 109, 092903 (2016)

[17] A. Qamar, D. V. Dao, J. S. Han, A. Iacopi, T. Dinh, H. P. Phan et al., Pseudo-Hall effect in single crystal n-type 3C-SiC (100) thin film, in Key Engineering Materials (2017), pp. 3-7

[18] L. Wang, S. Dimitrijev, J. Han, A. Iacopi, L. Hold, P. Tanner et al., Growth of 3C-SiC on 150-mm Si (100) substrates by alternating supply epitaxy at 1000℃. Thin Solid Films 519, 6443-6446 (2011)

[19] L. Wang, S. Dimitrijev, J. Han, P. Tanner, A. Iacopi, L. Hold, Demonstration

of p-type 3C-SiC grown on 150 mm Si（100）substrates by atomic-layer epitaxy at 1000℃. J. Cryst. Growth 329，67-70（2011）

[20] L. Wang，S. Dimitrijev，A. Fissel，G. Walker，J. Chai，L. Hold et al.，Growth mechanism for alternating supply epitaxy：the unique pathway to achieve uniform silicon carbide films on multiple large-diameter silicon substrates. RSC Adv. 6，16662-16667（2016）

[21] A. Taylor，J. Drahokoupil，L. Fekete，L. Klimša，J. Kopeček，A. Purkrt et al.，Structural，optical and mechanical properties of thin diamond and silicon carbide layers grown by low pressure microwave linear antenna plasma enhanced chemical vapour deposition. Diam. Relat. Mater. 69，13-18（2016）

[22] T. Frischmuth，M. Schneider，D. Maurer，T. Grille，U. Schmid，Inductively-coupled plasmaenhanced chemical vapour deposition of hydrogenated amorphous silicon carbide thin films for MEMS. Sens. Actuators，A 247，647-655（2016）

[23] M. Lazar，D. Carole，C. Raynaud，G. Ferro，S. Sejil，F. Laariedh et al.，Classic and alternative methods of p-type doping 4H-SiC for integrated lateral devices，in Semiconductor Conference（CAS），2015 International，2015，pp. 145-148

[24] Z. Li，X. Ding，F. Li，X. Liu，S. Zhang，H. Long，Enhanced dielectric loss induced by the doping of SiC in thick defective graphitic shells of Ni@ C nanocapsules with ash-free coal as carbon source for broadband microwave absorption. J. Phys. D Appl. Phys. 50，445305（2017）

[25] D. Zhuang，J. Edgar，Wet etching of GaN，AlN，and SiC：a review. Mater. Sci. Eng. R：Rep. 48，1-46（2005）

[26] S. Pearton，W. Lim，F. Ren，D. Norton，Wet chemical etching of wide bandgap semiconductors GaN，ZnO and SiC. ECS Trans. 6，501-512（2007）

[27] H. Ekinci，V. V. Kuryatkov，D. L. Mauch，J. C. Dickens，S. A. Nikishin，Effect of BCl_3 in chlorine based plasma on etching 4H-SiC for photoconductive semiconductor switch applications. J. Vac. Sci. Technol. B，Nanotechnol. Microelectron.：Mater. Process. Meas. Phenom. 32，051205（2014）

[28] P. Yih，V. Saxena，A. Steckl，A review of SiC reactive ion etching in fluorinated plasmas. Phys. Status Solidi B，202，605-642（1997）

[29] L. Jiang，R. Cheung，R. Brown，A. Mount，Inductively coupled plasma etching of SiC in SF_6/O_2 and etch-induced surface chemical bonding modifications. J. Appl. Phys. 93，

1376-1383（2003）

［30］S. Rysy，H. Sadowski，R. Helbig，Electrochemical etching of silicon carbide. J. Solid State Electrochem. 3，437-445（1999）

［31］J. Shor，Electrochemical etching of SiC. EMIS Datarev. Ser 13，141-149（1995）

［32］M. Kato，M. Ichimura，E. Arai，P. Ramasamy，Electrochemical etching of 6H-SiC using aqueous KOH solutions with low surface roughness. Jpn. J. Appl. Phys. 42，4233（2003）

［33］H. Morisaki，H. Ono，K. Yazawa，Photoelectrochemical properties of single-crystalline n-SiC in aqueous electrolytes. J. Electrochem. Soc. 131，2081-2086（1984）

［34］M. Gleria，R. Memming，Charge transfer processes at large band gap semiconductor electrodes：reactions at SiC-electrodes. J. Electroanal. Chem. Interfacial Electrochem. 65，163-175（1975）

［35］C. Duval，Inorganic Thermogravimetric Analysis（1963）

［36］M. Katsuno，N. Ohtani，J. Takahashi，H. Yashiro，M. Kanaya，Mechanism of molten KOH etching of SiC single crystals：comparative study with thermal oxidation. Jpn. J. Appl. Phys. 38，4661（1999）

［37］M. Katsuno，N. Ohtani，J. Takahashi，H. Yashiro，M. Kanaya，S. Shinoyama，Etching kinetics of α-SiC single crystals by molten KOH，in Materials Science Forum（1998），pp. 837-840

［38］L. J. Evans，G. M. Beheim，Deep reactive ion etching（DRIE）of high aspect ratio SiC microstructures using a time-multiplexed etch-passivate process，in Materials Science Forum（2006），pp. 1115-1118

［39］S. Tanaka，K. Rajanna，T. Abe，M. Esashi，Deep reactive ion etching of silicon carbide. J. Vac. Sci. Technol. B，Nanotechnol. Microelectron. ：Mater. Process. Meas. Phenom. 19，2173-2176（2001）

［40］P. M. Sarro，Silicon carbide as a new MEMS technology. Sens. Actuators，A82，210-218（2000）

［41］F. Roccaforte，F. La Via，V. Raineri，Ohmic contacts to SiC. Int. J. High Speed Electron. Syst. 15，781-820（2005）

［42］Z. Wang，W. Liu，C. Wang，Recent progress in Ohmic contacts to silicon carbide for hight emperature applications. J. Electron. Mater. 45，267-284（2016）

［43］ J. Riviere, Solid State Surface Science, ed. by Green (Marcel Dekker, NY, 1969), p. 179

［44］ T. Kimoto, J. A. Cooper, Fundamentals of Silicon Carbide Technology: Growth, Characterization, Devices and Applications (Wiley, London, 2014)

［45］ L. M. Porter, R. F. Davis, A critical review of ohmic and rectifying contacts for silicon carbide. Mater. Sci. Eng., B 34, 83-105 (1995)

［46］ B. Pécz, G. Radnóczi, S. Cassette, C. Brylinski, C. Arnodo, O. Noblanc, TEM study of Ni and Ni_2Si ohmic contacts to SiC. Diam. Relat. Mater. 6, 1428-1431 (1997)

［47］ A. Kakanakova-Georgieva, T. Marinova, O. Noblanc, C. Arnodo, S. Cassette, C. Brylinski, Characterization of ohmic and Schottky contacts on SiC. Thin Solid Films 343, 637-641 (1999)

［48］ J. Wan, M. A. Capano, M. R. Melloch, Formation of low resistivity ohmic contacts to n-type 3C-SiC. Solid-State Electron. 46, 1227-1230 (2002)

［49］ L. Huang, B. Liu, Q. Zhu, S. Chen, M. Gao, F. Qin et al., Low resistance Ti Ohmic contacts to 4H-SiC by reducing barrier heights without high temperature annealing. Appl. Phys. Lett. 100, 263503 (2012)

［50］ H. Shimizu, A. Shima, Y. Shimamoto, and N. Iwamuro, Ohmic contact on n- and p-type ion implanted 4H-SiC with low-temperature metallization process for SiC MOS-FETs, Jpn. J. Appl. Phys. 56, p. 04CR15 (2017)

［51］ S. Kim, H. -K. Kim, S. Jeong, M. -J. Kang, M. -S. Kang, N. -S. Lee et al, Carrier transport mechanism of Al contacts on n-type 4H-SiC. Mater. Lett. (2018)

［52］ S. Rao, G. Pangallo, F. Pezzimenti, F. G. Della Corte, High-performance temperature sensor based on 4H-SiC Schottky diodes. IEEE Electron Device Lett. 36, 720-722 (2015)

［53］ S. Rao, G. Pangallo, F. G. Della Corte, Highly linear temperature sensor based on 4H-silicon carbide pin diodes. IEEE Electron Device Lett. 36, 1205-1208 (2015)

［54］ S. Rao, G. Pangallo, F. G. Della Corte, 4H-SiC pin diode as highly linear temperature sensor. IEEE Trans. Electron Devices 63, 414-418 (2016)

［55］ H. P. Phan, T. K. Nguyen, T. Dinh, H. H. Cheng, F. Mu, A. Iacopi et al., Strain effect in highly doped n-type 3C-SiC-on-glass substrate for mechanical sensors and mobility enhancement. Phys. status solidi A, p. 1800288 (2018)

［56］A. Qamar，T. Dinh，M. Jafari，A. Iacopi，S. Dimitrijev，D. V. Dao，A large pseudo-Hall effect in n-type 3C-SiC（100）and its dependence on crystallographic orientation for stress sensing applications. Mater. Lett. 213，11-14（2018）

［57］H. P. Phan，T. K. Nguyen，T. Dinh，A. Iacopi，L. Hold，M. J. Shiddiky et al.，Robust free-standing nano-thin SiC membranes enable direct photolithography for MEMS sensing applications. Adv. Eng. Mater. 20，1700858（2018）

［58］T. Dinh，H. -P. Phan，T. Kozeki，A. Qamar，T. Namazu，N. -T. Nguyen et al.，Thermoresistive properties of p-type 3C-SiC nanoscale thin films for high-temperature MEMS thermal-based sensors. RSC Adv. 5，106083-106086（2015）

［59］S. M. Sze，K. K. Ng，Physics of Semiconductor Devices（Wiley，London，2006）

［60］S. O. Kasap，Principles of Electronic Materials and Devices（McGraw-Hill，New York，2006）

［61］S. Rao，G. Pangallo，F. G. Della Corte，4H-SiC pin diode as highly linear temperature sensor. IEEE Trans. Electron Devices 63，414-418（2016）

［62］G. Brezeanu，F. Draghici，F. Craciunioiu，C. Boianceanu，F. Bernea，F. Udrea et al.，4H-SiC Schottky diodes for temperature sensing applications in harsh environments，in Materials Science Forum（2011），pp. 575-578

［63］R. S. Okojie，Fabricating Ultra-thin Silicon Carbide Diaphragms，Google Patents（2018）

［64］T. Dinh，H. -P. Phan，N. Kashaninejad，T. -K. Nguyen，D. V. Dao，N. -T. Nguyen，An on-chip SiC MEMS device with integrated heating，sensing and microfiuidic cooling systems. Adv. Mater. Interfaces 1，1（2018）

第 5 章　设计和工艺对 SiC 热器件性能的影响

摘　要　本章介绍了设计和工艺对 SiC 热器件性能的影响。首先，本章讨论衬底种类、掺杂类型和掺杂水平对 SiC 纳米薄膜性能的影响，同时将介绍 SiC 热器件性能与材料形态的依赖关系。最后，本章介绍了生长 SiC 纳米薄膜的能力，以及电阻温度系数对 SiC 薄膜厚度的依赖性。

关键词　衬底影响、掺杂水平、SiC 形态、厚度影响

5.1　衬底影响

单晶 3C-SiC 在 Si 衬底上生长可以形成 3C-SiC/Si 异质结构。这种结构无法防止高温下的电流泄漏，因此，通常需要将 3C-SiC 薄膜转移到玻璃等绝缘衬底上。SiC 和衬底热膨胀特性的差异会导致 SiC 电阻温度系数（TCR）的漂移，关系如下[1,2]：

$$\Delta = \frac{-2(\alpha_{1f} - \alpha_{1s})}{1 - \mu_f}[\gamma(1 - \mu_f) + \mu_f(1 - \gamma)] \tag{5.1}$$

α_{1f}、α_{1s} 分别是 SiC 薄膜和衬底的热膨胀系数；μ_f 和 γ 分别代表 SiC 薄膜的泊松比和电阻率的应变系数（如应变片）[3-5]。热膨胀差异导致衬底的 TCR 变化在 100ppm/K 以内基本可忽略，而对 SiC 的 TCR 影响范围为 2000～

$20000ppm/K^{[6-10]}$。4H-SiC 和 6H-SiC 薄膜通常生长在具有相同特性（如热膨胀系数）的材料衬底上[11-13]，因此，衬底通常不会影响 SiC 功能材料的温度灵敏度。

5.2　掺杂影响

热阻灵敏度取决于掺杂剂的激活能（如 $TCR = -E_a/T^2$）。一般选择激活能很大的掺杂剂以获得高 TCR 值，氮通常用作 n 型 SiC 材料的施主，而铝和硼则用作 p 型 SiC 薄膜的受主。表 5.1 总结了文献中报道的典型掺杂剂的激活能[14-26]。

表 5.1　SiC 与硅中杂质的激活能对比[14-26]

材料	激活能		
	氮	铝	硼
Si	0.19	0.069	0.044
3C-SiC	0.04～0.05	0.16	0.73
4H-SiC	0.045～0.125	0.16～0.23	0.25～0.3
6H-SiC	—	—	0.3～0.7

除掺杂类型外，掺杂水平还会显著影响 SiC 薄膜的 TCR 值[11,25,27-30]。需要注意的是，激活能随着掺杂浓度的升高而降低。Shor 等报道了非故意掺杂的 3C-SiC 在低于室温条件下即可电离所有杂质，高于室温时由于散射效应占主导地位，电阻率随温度的升高而增大[31,32]。然而，低掺杂水平下（约 $10^{17} cm^{-3}$）所有杂质的电离温度比室温要高，导致室温至 200℃ 范围内的电阻随温度升高有所降低。高于 200℃ 时，电阻随温度升高而增大，相应地即呈现出正温度系数。简并掺杂的 3C-SiC 在低温下杂质即可发生电离，但由于散射效应起主导作用，报道的 TCR 值恒定在 $400ppm/K^{[31]}$。图 5.1 说明了 SiC 电阻率与掺杂浓度的关系。近期 Latha 等发现，3C-SiC 的 TCR 值随着氮掺杂浓度的降低而增加，这与 Shor 的结论非常吻合[29]。

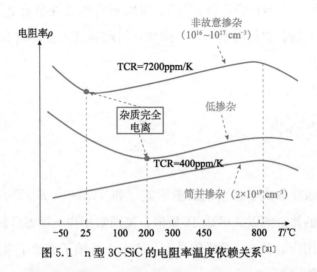

图 5.1　n 型 3C-SiC 的电阻率温度依赖关系[31]

对 6H-SiC 的电阻率随掺杂浓度的依赖关系也开展了相关研究[33]。例如，在低掺杂浓度（如 $10^{17}\,cm^{-3}$）下，假设杂质在 0℃ 即可发生电离。而在高掺杂浓度（如 $10^{19}\,cm^{-3}$）下，观察到 500℃ 的高电离温度。在相同的高掺杂水平下，p 型 6H-SiC 的 TCR 绝对值高于 n 型。图 5.2 总结了不同掺杂水平的 6H-SiC 电阻率与温度的依赖关系[33]。

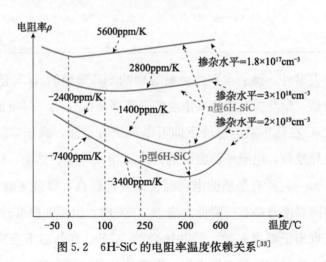

图 5.2　6H-SiC 的电阻率温度依赖关系[33]

5.3　表面形貌

　　材料科学中主要有三种形态，包括单晶、多晶和非晶等[34]。适当掺杂浓度的单晶材料可为 MEMS 传感器提供理想的导电特性[35-45]。由于纯单晶结构中没有边界或缺陷，温度传感主要取决于杂质的电离、载流子的产生、散射效应等（图 5.3 (a)）。例如，高掺杂 SiC 中的杂质在室温下即可电离，而散射效应使迁移率随着温度升高而降低[19,46-49]，进一步导致电阻随温度升高而增大，即正电阻温度系数。

　　多晶材料的晶格间存在边界和/或缺陷等，可捕获载流子并在晶格之间产生潜在势垒[2,50-52]。该势垒会阻碍载流子运动，并导致多晶材料电阻值显著升高。边界晶格的电阻对温度变化非常敏感。热离子发射电流和隧道电流随温度升高而增加，会导致电阻值显著降低（图 5.3 (b)）。高掺杂浓度时的势垒高度很小，从而导致热离子发射电流比较高，而隧道电流则比较低[49,51,53]。

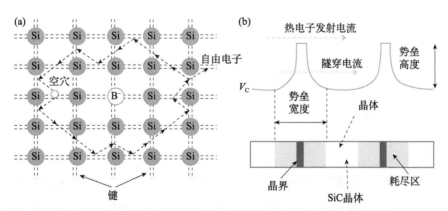

图 5.3　电输运特性。(a) 单晶硅半导体；(b) 多晶硅半导体[8,54]

　　非晶半导体中的电荷载流子迁移率通常在 $1\sim10\mathrm{cm}^2/(\mathrm{V}\cdot\mathrm{s})$，这对电输运的贡献不大。电导率与温度的依赖关系可以由态密度（DOS）进行估计。载流子在带尾局域态之间的隧穿跃迁控制了非晶半导体的输运机制，被称为跳跃传导机制，可用于解释非晶半导体高温下的电学性质。图 5.4 显示了电子在两个局域态 i（能量 ε_i）和 j（能量 ε_j）之间的跳跃跃迁/机制，两个局域态的距离为 r_{ij}。吸收能量的计算公式为[6,55-58]

$$\Theta(r_{ij}, \varepsilon_i, \varepsilon_j) = \Theta_0 \exp\left(\frac{2r_{ij}}{\alpha}\right) \exp\left(-\frac{\varepsilon_j - \varepsilon_i + |\varepsilon_j - \varepsilon_i|}{2kT}\right) \quad (5.2)$$

式中，α 和 k 分别代表定位半径和玻尔兹曼常量。由式（5.2）可以看出，非晶半导体的导电性能通常随温度升高而增加，较大负 TCR 值可高达 -80000ppm/K[55,58]。

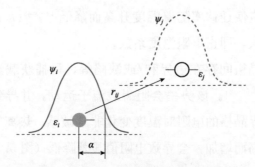

图 5.4　电子在两个局域态之间的跃迁[59]

　　然而，非晶材料具有较高的电阻率，其热电效应通常会用于温度传感器中。理想的电阻率对焦耳加热型传感器非常重要，因此需要发展高掺杂多晶或单晶材料。

5.4　沉积温度

　　SiC 材料的晶粒尺寸随沉积温度的升高而增大，继而导致电阻率下降[5,50,61,62]。由图 5.5 可知，沉积温度从 350℃增加到 850℃时，对应的 SiC 薄膜的电阻率从大约 $10^{-8} \Omega^{-1} \cdot \text{cm}^{-1}$ 升高到 $10^{-1} \Omega^{-1} \cdot \text{cm}^{-1}$[60]。重要的是要注意，较低的沉积温度可提供更高的电阻率，但随着环境温度的升高，SiC 电阻率也将发生更大的变化。

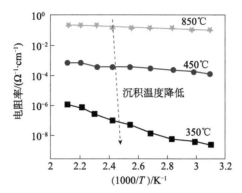

图 5.5　SiC 薄膜电阻率与沉积温度的依赖关系[60]

5.5　几何与尺寸

SiC 薄膜的热阻灵敏度与其厚度有直接关系[50,63]。研究表明，较薄的 SiC 薄膜可提供更高的温度系数[64]，这可归因于 SiC 晶界处捕获的自由载流子。薄膜越薄则晶粒也就越小，意味着在 SiC 晶格间存在更多的缺陷和边界。因为缺陷和边界决定了 SiC 薄膜的电传感机制，所以它们具有更高的电阻率和温度灵敏度。如图 5.6 所示，当 SiC 薄膜厚度在 1.6963～0.153μm 内变化时，对应 TCR 测量值为 $-1400 \sim -2200$ppm/K[65]。

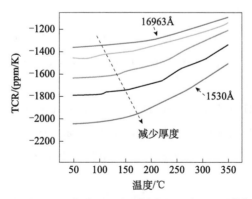

图 5.6　SiC 薄膜的温度灵敏度与厚度的关系[65]

参 考 文 献

[1] P. Hall, The effect of expansion mismatch on temperature coefficient of resistance of thin films. Appl. Phys. Lett. 12, 212 (1968)

[2] F. Warkusz, The size effect and the temperature coefficient of resistance in thin films. J. Phys. D Appl. Phys. 11, 689 (1978)

[3] B. Verma, S. Sharma, Effect of thermal strains on the temperature coefficient of resistance. Thin Solid Films 5, R44-R46 (1970)

[4] F. Warkusz, Electrical and mechanical properties of thin metal films: size effects. Prog. Surf. Sci. 10, 287-382 (1980)

[5] A. Singh, Grain-size dependence of temperature coefficient of resistance of poly-crystalline metal films. Proc. IEEE 61, 1653-1654 (1973)

[6] T. Dinh, D. V. Dao, H. -P. Phan, L. Wang, A. Qamar, N. -T. Nguyen et al., Charge transport and activation energy of amorphous silicon carbide thin film on quartz at elevated temperature. Appl. Phys. Express 8, 061303 (2015)

[7] T. Dinh, H. -P. Phan, T. Kozeki, A. Qamar, T. Namazu, N. -T. Nguyen et al., Thermoresistive properties of p-type 3C-SiC nanoscale thin films for high-temperature MEMS thermal-based sensors. RSC Adv. 5, 106083-106086 (2015)

[8] T. Dinh, H. -P. Phan, T. Kozeki, A. Qamar, T. Fujii, T. Namazu et al., High thermosensitivity of silicon nanowires induced by amorphization. Mater. Lett. 177, 80-84 (2016)

[9] H. -P. Phan, T. Dinh, T. Kozeki, A. Qamar, T. Namazu, S. Dimitrijev et al., Piezoresistive effect in p-type 3C-SiC at high temperatures characterized using Joule heating. Sci. Rep. 6 (2016)

[10] T. Dinh, H. -P. Phan, T. -K. Nguyen, V. Balakrishnan, H. -H. Cheng, L. Hold et al., Unintentionally doped epitaxial 3C-SiC (111) nanothin film as material for highly sensitive thermal sensors at high temperatures. IEEE Electron Device Lett. 39, 580-583 (2018)

[11] K. Eto, H. Suo, T. Kato, H. Okumura, Growth of P-type 4H-SiC single crystals by physical vapor transport using aluminum and nitrogen co-doping. J. Cryst. Growth

470，154-158（2017）

[12] T. Kimoto，A. Itoh，H. Matsunami，Step bunching in chemical vapor deposition of 6H- and 4H-SiC on vicinal SiC (0001) faces. Appl. Phys. Lett. 66，3645-3647（1995）

[13] Q. Wahab，A. Ellison，A. Henry，E. Janzén，C. Hallin，J. Di Persio et al.，Influence of epitaxial growth and substrate-induced defects on the breakdown of 4H-SiC Schottky diodes. Appl. Phys. Lett. 76，2725-2727（2000）

[14] O. Madelung，Semiconductors—Basic Data（Springer Science & Business Media，2012）

[15] A. G. Milnes，Deep Impurities in Semiconductors（1973）

[16] E. M. Conwell，Properties of silicon and germanium. Proc. IRE 40，1327-1337（1952）

[17] S. Sze，J. Irvin，Resistivity，mobility and impurity levels in GaAs，Ge，and Si at 300K. Solid-State Electron. 11，599-602（1968）

[18] T. Kimoto，A. Itoh，H. Matsunami，S. Sridhara，L. Clemen，R. Devaty et al.，Nitrogen donors and deep levels in high-quality 4H-SiC epilayers grown by chemical vapor deposition. Appl. Phys. Lett. 67，2833-2835（1995）

[19] J. Bluet，J. Pernot，J. Camassel，S. Contreras，J. Robert，J. Michaud et al.，Activation of aluminum implanted at high doses in 4H-SiC. J. Appl. Phys. 88，1971-1977（2000）

[20] Y. Gaoa，S. Soloviev，T. Sudarshan，Investigation of boron diffusion in 6H-SiC. Appl. Phys. Lett. 83（2003）

[21] W. Götz，A. Schöner，G. Pensl，W. Suttrop，W. Choyke，R. Stein et al.，Nitrogen donors in 4H-silicon carbide. J. Appl. Phys. 73，3332-3338（1993）

[22] W. Hartung，M. Rasp，D. Hofmann，A. Winnacker，Analysis of electronic levels in SiC：V，N，Al powders and crystals using thermally stimulated luminescence. Mater. Sci. Eng.，B 61，102-106（1999）

[23] J. Pernot，S. Contreras，J. Camassel，J. Robert，W. Zawadzki，E. Neyret et al.，Free electron density and mobility in high-quality 4H-SiC. Appl. Phys. Lett. 77，4359-4361（2000）

[24] H. Iwata，K. M. Itoh，Donor and acceptor concentration dependence of the electron Hall mobility and the Hall scattering factor in n-type 4H- and 6H-SiC. J. Appl. Phys. 89，

6228-6234 (2001)

[25] P. Wellmann, S. Bushevoy, R. Weingärtner, Evaluation of n-type doping of 4H-SiC and n-/p-type doping of 6H-SiC using absorption measurements. Mater. Sci. Eng., B 80, 352-356 (2001)

[26] H. Matsuura, M. Komeda, S. Kagamihara, H. Iwata, R. Ishihara, T. Hatake-yama et al., Dependence of acceptor levels and hole mobility on acceptor density and temperature in Al-doped p-type 4H-SiC epilayers. J. Appl. Phys. 96, 2708-2715 (2004)

[27] L. Marsal, J. Pallares, X. Correig, A. Orpella, D. Bardés, R. Alcubilla, Analysis of conduction mechanisms in annealed n-$Si_{1-x}C_x$: H/p-crystalline Si heterojunction diodes for different doping concentrations. J. Appl. Phys. 85, 1216-1221 (1999)

[28] A. Kovalevskii, A. Dolbik, S. Voitekh, Effect of doping on the temperature coefficient of resistance of polysilicon films. Russ. Microlectron. 36, 153-158 (2007)

[29] H. Latha, A. Udayakumar, V. S. Prasad, Effect of Nitrogen Doping on the Electrical Properties of 3C-SiC Thin Films for High-Temperature Sensors Applications. Acta Metall. Sinica (Engl. Lett.) 27, 168-174 (2014)

[30] K. Nishi, A. Ikeda, D. Marui, H. Ikenoue, T. Asano, n- and p-Type Doping of 4H-SiC by wet-chemical laser processing, in Materials Science Forum (2014), pp. 645-648

[31] J. S. Shor, D. Goldstein, A. D. Kurtz, Characterization of n-type beta-SiC as a piezoresistor. IEEE Trans. Electron Devices 40, 1093-1099 (1993)

[32] J. S. Shor, L. Bemis, A. D. Kurtz, Characterization of monolithic n-type 6H-SiC piezoresistive sensing elements. IEEE Trans. Electron Devices 41, 661-665 (1994)

[33] R. S. Okojie, A. A. Ned, A. D. Kurtz, W. N. Carr, Characterization of highly doped n- and p-type 6H-SiC piezoresistors. IEEE Trans. Electron Devices 45, 785-790 (1998)

[34] H. P. Klug, L. E. Alexander, X-ray diffraction procedures: for polycrystalline and amorphous materials, in X-Ray Diffraction Procedures: For Polycrystalline and Amorphous Materials, 2nd edn, ed. by Harold P. Klug, Leroy E. Alexander, (Wiley-VCH, May 1974), p. 992. ISBN 0-471-49369-4

[35] C. -M. Ho, Y. -C. Tai, Micro-electro-mechanical-systems (MEMS) and fluid flows. Annu. Rev. Fluid Mech. 30, 579-612 (1998)

[36] M. Mehregany, C. A. Zorman, N. Rajan, C. H. Wu, Silicon carbide MEMS for harsh environments. Proc. IEEE 86, 1594-1609 (1998)

[37] M. Mehregany, C. A. Zorman, SiC MEMS: opportunities and challenges for applications in harsh environments. Thin Solid Films 355, 518-524 (1999)

[38] J. W. Gardner, V. K. Varadan, O. O. Awadelkarim, Microsensors, MEMS, and Smart Devices, vol. 1 (Wiley Online Library, 2001)

[39] J. W. Judy, Microelectromechanical systems (MEMS): fabrication, design and applications. Smart Mater. Struct. 10, 1115 (2001)

[40] J. W. Gardner, V. K. Varadan, Microsensors, MEMS and Smart Devices (Wiley Inc, London, 2001)

[41] G. M. Rebeiz, RF MEMS: Theory, Design, and Technology (Wiley, 2004)

[42] Y. Zhu, H. D. Espinosa, Effect of temperature on capacitive RF MEMS switch performance—a coupled-field analysis. J. Micromech. Microeng. 14, 1270 (2004)

[43] G. Soundararajan, M. Rouhanizadeh, H. Yu, L. DeMaio, E. Kim, T. K. Hsiai, MEMS shear stress sensors for microcirculation. Sens. Actuators, A 118, 25-32 (2005)

[44] A. Kosar, Y. Peles, Thermal-hydraulic performance of MEMS-based pin fin heat sink. J. Heat Transfer 128, 121-131 (2006)

[45] V. Cimalla, J. Pezoldt, O. Ambacher, Group III nitride and SiC based MEMS and NEMS: materials properties, technology and applications. J. Phys. D Appl. Phys. 40, 6386 (2007)

[46] D. Barrett, R. Campbell, Electron mobility measurements in SiC polytypes. J. Appl. Phys. 38, 53-55 (1967)

[47] K. Sasaki, E. Sakuma, S. Misawa, S. Yoshida, S. Gonda, High-temperature electrical properties of 3C-SiC epitaxial layers grown by chemical vapor deposition. Appl. Phys. Lett. 45, 72-73 (1984)

[48] M. Yamanaka, H. Daimon, E. Sakuma, S. Misawa, S. Yoshida, Temperature dependence of electrical properties of n- and p-type 3C-SiC. J. Appl. Phys. 61, 599-603 (1987)

[49] E. A. de Vasconcelos, W. Y. Zhang, H. Uchida, T. Katsube, Potential of high-purity polycrystalline silicon carbide for thermistor applications. Jpn. J. Appl. Phys. 37, 5078 (1998)

[50] A. Singh, Film thickness and grain size diameter dependence on temperature coefficient of resistance of thin metal films. J. Appl. Phys. 45, 1908-1909 (1974)

[51] J. Y. Seto, The electrical properties of polycrystalline silicon films. J. Appl.

Phys. 46，5247-5254 (1975)

［52］ J. Pernot, W. Zawadzki, S. Contreras, J. Robert, E. Neyret, L. Di Cioccio, Electrical transport in n-type 4H silicon carbide. J. Appl. Phys. 90，1869-1878 (2001)

［53］ E. A. de Vasconcelos, S. Khan, W. Zhang, H. Uchida, T. Katsube, Highly sensitive thermistors based on high-purity polycrystalline cubic silicon carbide. Sens. Actuators, A 83，167-171 (2000)

［54］ T. Dinh, H. -P. Phan, D. V. Dao, P. Woodfield, A. Qamar, N. -T. Nguyen, Graphite on paper as material for sensitive thermoresistive sensors. J. Mater. Chem. C 3，8776-8779 (2015)

［55］ R. Street, Hydrogenated Amorphous Silicon (Cambridge University, Cambridge, 1991)

［56］ P. Fenz, H. Muller, H. Overhof, P. Thomas, Activated transport in amorphous semiconductors. II. Interpretation of experimental data. J. Phys. C: Solid State Phys. 18，3191 (1985)

［57］ T. Abtew, M. Zhang, D. Drabold, Ab initio estimate of temperature dependence of electrical conductivity in a model amorphous material: Hydrogenated amorphous silicon. Phys. Rev. B 76，045212 (2007)

［58］ M. -L. Zhang, D. A. Drabold, Temperature Coefficient of Resistivity in Amorphous Semiconductors. arXiv preprint arXiv: 1112. 2169，(2011)

［59］ S. Baranovski, Charge Transport in Disordered Solids with Applications in Electronics, vol. 17 (Wiley, 2006)

［60］ H. S. Jha, P. Agarwal, Effects of substrate temperature on structural and electrical properties of cubic silicon carbide films deposited by hot wire chemical vapor deposition technique. J. Mater. Sci. : Mater. Electron. 26，2844-2850 (2015)

［61］ N. -C. Lu, L. Gerzberg, C. -Y. Lu, J. D. Meindl, A conduction model for semiconductorgrain-boundary-semiconductor barriers in polycrystalline-silicon films. IEEE Trans. Electron Devices 30，137-149 (1983)

［62］ D. Petkovic, D. Mitic, Effects of grain-boundary trapping-state energy distribution on the Fermi level position in thin polysilicon films, in Proceedings of 20th International Conference on Microelectronics, 1995, pp. 145-148

［63］ F. Lacy, Developing a theoretical relationship between electrical resistivity, temperature, and film thickness for conductors. Nanoscale Res. Lett. 6, 1 (2011)

[64] M. I. Lei, Silicon Carbide High Temperature Thermoelectric Flow Sensor (Case Western Reserve University, 2011)

[65] S. Noh, J. Seo, E. Lee, The fabrication by using surface MEMS of 3C-SiC micro-heaters and RTD sensors and their resultant properties. Trans. Electr. Electron. Mater. 10, 131-134 (2009)

第6章　SiC 热电特性的应用

摘　要　本章介绍了 SiC 热电特性在恶劣环境中的广泛应用。单层 SiC 热阻效应用于温度传感时被称为热敏电阻，也即本章中提到的电阻温度传感器。本章也将讨论多层 SiC 在温度传感中的应用。还将介绍基于焦耳热效应的 SiC 在热流量传感器、对流加速度计和陀螺仪等热传感器中的应用，此外在气体传感和 MEMS 器件冷却方面的应用也会被介绍。

关键词　温度传感器、热流量传感器、对流加速度计、对流陀螺仪、气体传感器、SiC 冷却器件

6.1　温度传感器、温度控制/补偿与热测量

热阻传感器已被广泛用于温度、流速、加速度、太阳辐射和微波功率等参数的测量。热阻传感器基于周围环境（温度）的变化引起传感器电阻的变化进行工作。在大电流作用下，焦耳加热效应会导致 SiC 电阻元件温度升高。环境温度、辐射和流体速度变化时，测得的 SiC 元件的电阻变化即可作为测量对应物理参数的指标。基于热传导的平衡性，置于环境中的热阻传感器可通过下述公式计算[1,2]：

$$\alpha AH + RI^2 = hA(T - T_e) + mc\frac{\mathrm{d}T}{\mathrm{d}t} \tag{6.1}$$

式中，αAH 为辐射功率；RI^2 代表焦耳热功率；$hA(T-T_e)$ 是由传感器和环境之间温差导致的耗散功率；$mcdT/dt$ 代表了内能变化。α 和 AH 为整个区域的传导系数和辐射，H、m、c、t 分别为热传输系数、质量、比热和时间。图 6.1 所示为用于检测包括温度、流速和辐射等物理参数的热阻传感器的示意图。

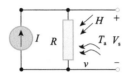

图 6.1　可用于温度、流速和辐射等物理参数测量的热阻传感器示意图[2]

6.1.1　热电阻

工业和科学研究中，基于热敏电阻元件的温度传感器在测量介质热辐射和导热系数方面发挥了重要作用。SiC 热敏电阻具有灵敏度高（大 TCR）、尺寸小、机械应力/应变耐受好、温度测量范围大（高达 600℃）及电阻选择广泛等优点[3-12]。但线性度差是 SiC 热敏电阻的主要缺点，这导致温度读取电路过于复杂。某些情况下，可通过设计串联热敏电阻来调整热敏电阻的线性度。温度测量精度取决于测量电路、测量范围、测量时间以及热敏电阻形式（如珠、棒和板）等[2,13-15]。精度要求不高时，热敏电阻可与电池和电阻表布置成串联形式。精确测量时，SiC 热敏电阻可采用惠斯通电桥的形式实现温度测量。另外，可在惠斯通电桥的两臂上安装两个具有相同的 TCR 的热敏电阻测量温差。热敏电阻可提供高达 10^{-4}℃ 的温度测量精度，而其长期稳定性则受温度变化/冲击范围的影响。传统上，如果优先考虑长期稳定性，铂电阻温度计等电阻式温度检测器（RTD）可广泛用于温度的测量。或者热电偶也可以用作温度传感器，实现大温度范围测试。然而，热电偶在测量微小温差时的灵敏度较低。SiC 热敏电阻作为一种高灵敏度温度传感器，近年来在多种温度测量中得到广泛地应用。表 6.1 显示了不通形式的温度传感器与 SiC 温度传感器的优缺点对比[1,9]。

表 6.1　SiC 温度传感器的性能对比[1,9]

材料	灵敏度/ (ppm/K)	温度范围/ ℃	响应时间	优点	缺点
陶瓷	$-2\times10^4\sim$ -6×10^4	$-50\sim1000$	快	成本低、尺寸小、灵敏度高	非线性、额外电路、稳定性和重复性不好
金属	$4\times10^3\sim$ -7×10^3	$-200\sim650$	慢	响应线性度好、长时稳定性好	价格中等、灵敏度低
复合材料	$-10^4\sim10^{12}$	$25\sim100$	慢	超高灵敏度	价格中等、稳定性和重复性不好
SiC 和 半导体	$-4\times10^4\sim$ -10^4	$-200\sim1000$	快	尺寸小、高灵敏度、与 MEMS 兼容、便于集成能力、长时稳定性好	价格较高、需要额外电路、稳定性和可重复性不好

温度控制领域，传感器的输出以及热敏电阻的信号被处理后用于控制继电器、阀门或晶体管等，热敏电阻也可用作温度报警系统的传感元件[4,5,12,16-18]。热敏电阻在大电流下被加热到高温，实现对热导率的测试。热敏电阻的阻值取决于介质的成分（如密度和压力）和流量。因此，热敏电阻可用作气体传感器、压力传感器和流量传感器，同时还可以实现对音频及射频范围内辐射和电量（如稳压器）的测量和控制[15]。

对于 SiC 热敏电阻应用，基于 SiC 的热阻效应能以高分辨率和高可靠性实现温度传感、火焰检测和温度控制。通过射频溅射和化学气相沉积（CVD）方法可以制备不同类型 SiC 的热敏电阻[4-7,12]。因此，SiC 溅射薄膜已被证明可以适用于广泛的温度测试范围（如$-100\sim450$℃）的高灵敏度温度传感器[19]。通常，热敏电阻方程如下：

$$R=R_0\exp\left[B\left(\frac{1}{T}-\frac{1}{T_0}\right)\right] \tag{6.2}$$

式中，B 表示热敏电阻灵敏度的热指数。据报道，在 $0\sim100$℃、$100\sim450$℃的温度范围内，射频溅射的多晶 SiC 热敏电阻的 B 值分别为 2100 和

$3400^{[19]}$。另一项研究中[6]，多晶立方 SiC 薄膜可实现更高的灵敏度，在 $25\sim200℃$ 范围内 B 值高达 7000，在 $200\sim400℃$ 范围内 B 值为 5000。此外，采用 SiC 和金刚石双层夹心膜可制备各种高灵敏度温度传感器。图 6.2 (a) 所示为 SiC 热敏电阻结构示意图。表 6.1 总结了文献［20，21］中各种 SiC 热敏电阻的制造技术及对应灵敏度。尽管热敏电阻的响应时间通常为几秒到几分钟不等，但 SiC 热敏电阻的响应时间仅为 0.6s。

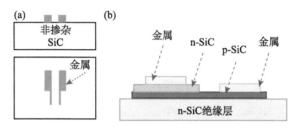

图 6.2　(a) 多晶 SiC 热电阻结构[6]；(b) SiC 基 p-n 结温度传感器[22]

6.1.2　p-n 结温度传感器

p-n 结可用作温度传感器，因其 $I\text{-}V$ 特性随温度变化而变化，如下式所示[22-27]：

$$I=I_0(\mathrm{e}^{\frac{qV}{nkT}}-1) \tag{6.3}$$

式中，I 和 I_0 分别代表温度 T 和 T_0 下的测量电流；q 为电荷；k 为玻尔兹曼常量；n 为理想因子。正向偏压时 p-n 结的电压定义为 $V=2kT/q\ \ln(I/I_0)$，p-n 结温度传感器的灵敏度为 $\mathrm{d}V/\mathrm{d}T=2k/q\ \ln(I/I_0)$。图 6.2 (b) 所示为 4H-SiC 基 p-n 结二极管的结构示意图，该二极管最近被用作温度传感器，适用于 $20\sim600℃$ 宽温度范围，在 $0.89\mathrm{A/cm^2}$ 的正向电流密度下灵敏度为 $2.2\mathrm{mV/℃}$，在 $0.44\mathrm{mA/cm^2}$ 时的灵敏度为 $3.5\mathrm{mV/℃}^{[22]}$。此外，另一项研究中 6H-SiC 结栅场效应晶体管（JFET）用作温度传感器，工作温度范围为 $25\sim500℃^{[28]}$。表 6.2 总结了基于热电特性的 SiC 热敏电阻和其他温度传感器。

表 6.2　单层及双层 SiC 薄膜温度传感器[3-8,12,16,25-27,29,30]

布局	材料	技术	温度范围/K	灵敏度
梳状电阻	3C-SiC	CVD	300~580	1750~2400K
梳状电阻	3C-SiC	CVD	300~570	550~4500K
长方形	a-3C-SiC	CVD	300~600	−200~−16000ppm/K
长方形	n-3C-SiC	CVD	300~800	200~20000ppm/K
长方形	p-3C-SiC	CVD	300~600	−2000~−5200ppm/K
Zig-Zag	金刚石/p-Si	射频溅射	200~720	1600~3400
长方形	多晶 SiC	射频溅射	275~770	2000~4000
多类型薄膜层	SiC/金刚石	CVD	300~670	5000~7000
JFET	6H-SiC	CVD	300~800	—
p-n 结	4H-SiC	—	300~800	2.2~3.5mV/K
肖特基二极管	Ti/Al/4H-SiC	—	300~600	2.85~5.11mV/K
PIN 二极管	4H-SiC	—	300~600	1.63~2.66mV/K
PIN 二极管	4H-SiC	—	300~700	2.4~4.5mV/K

6.2　热阻传感器

　　热流量传感器用于测量周围流体的速度和运动方向。热流量传感器通常包括加热组件和传感部组件，基于加热组件与周围环境之间的热传递进行工作，传感元件通常选择 TCR 值高和电阻率合理的材料。热流量传感器主要包括热线/热膜式、量热式和飞行时间式等，如图 6.3 所示。微制造热流量传感器的操作、制备工艺和性能等情况在表 6.3 中进行了总结。

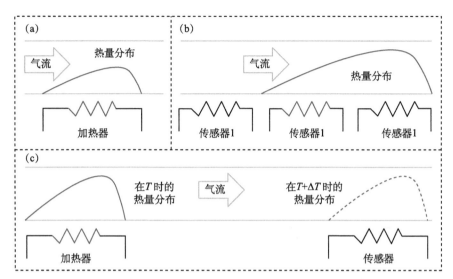

图 6.3 热流量传感器[1,31]。(a) 热膜和热线结构；(b) 热式流量传感器；(c) 飞行时间流量传感器

表 6.3 基于 **SiC/玻璃**的热薄膜式空气流量传感器性能与文献比对[32-48]

加热/感知材料	衬底材料	TCR	相对电阻变化（$\Delta R/R$）/%	灵敏度
铂	铝	—	22.08	0.029（s/m）
多晶硅	硅	1100ppm @100℃	—	5mV/(m/s)$^{0.5}$
铂	硅	2490ppm @25℃	—	—
CNT	纸	−750ppm @25℃	0.8	<0.0016（s/m）
石墨烯	纸	—	2.5	0.0062（s/m）
石墨烯	纸	−2900ppm @25℃	3.25	0.0081（s/m）
3C-SiC	玻璃	−20716ppm @25℃	58.36	0.091（s/m）
铂	—	—	—	—
铂		3920		9.8×10^{-4}mA·(m/s)$^{0.5}$/mW 或 0.177mV·(m/s)$^{0.5}$/mW
金		—	—	氮气为−10mL/min 水为 10μL/min
金		3000	—	3.06mV/(mL/min)
镍		—	—	—
多晶硅		11000	—	0.27V/(mL/min)
SiC		—	—	119μV/[(m/s)·mW]

加热/感知 材料	衬底材料	TCR	相对电阻变化 $(\Delta R/R)$ /%	灵敏度
锗	—	—		232.77V/[W·(m/s)]
锗	—	—		33.33V/[W·(m/s)]
锗	—	−18000		69.76V/[W·(m/s)]
多晶硅	—	880		1.9V/[W·(m/s)]
SiC	—	1280		0.73Ω/sccm

6.2.1　热线及热膜式流量传感器

在热线/热膜流量传感器中，加热组件和传感组件集成在单个加热器内[49]。热线/热膜结构的工作原理是基于加热器的焦耳热效应使温度上升并达到稳态。外部流量会对加热器产生冷却效果，进而改变加热器电阻值。电阻的变化通常用惠斯通电桥转换成电压变化。焦耳加热效应的功率与对流冷却效应的功率损耗之间达到的能量平衡如下[37,50]：

$$RI^2 = hA(T - T_e) \tag{6.4}$$

式中，R 和 h 分别为加热器的电阻值和传热系数；I 为测试电流；T 和 T_e 分别代表加热器温度和环境温度。常规金属和半导体热传感材料与微/纳米加工技术兼容性好，其热阻效应常用于开发热线和热膜流量传感器。这些材料具有高 TCR 和合适电阻率，因此既可以作为加热元件，也可作为传感元件。例如，基于铂热阻效应制作的热膜流量传感器灵敏度高达 $0.177\text{mV·(m/s)}^{-1/2}/\text{mW}$，而功耗仅为 45.1mW[33]。

然而，材料退化导致上述传感器不适合工作在高温及腐蚀等恶劣环境中。SiC 具有较大的禁带宽度和良好的化学惰性，因此在恶劣环境下开发热丝/热膜流量传感器具有很大的潜力。Lyons 等报道了一种生长在 Si 衬底上的立方 SiC 热丝流量传感器，在惠斯通电桥的两个臂上分别装有 SiC 加热器和 SiC 温度传感器，并带有两个附加的外部电阻。该传感器实现了

3ms 的快速热响应时间[34]。由于 SiC 的高熔点，上述传感器具有很高的机械强度并且可以实现在无故障情况下升到较高温度。然而，高温下 SiC 向 Si 衬底传输的漏电流大，采用 Si/SiC 平台作为热流量传感器存在功耗大的缺点。图 6.4 所示为 SiC 流量传感器典型设备和测量方法。

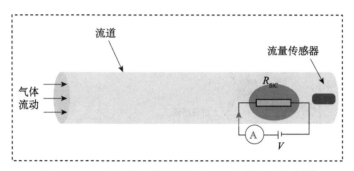

图 6.4　SiC 流量传感器测试装置。经文献许可转载[51]

近期 Balakrishnan 等报道了基于玻璃衬底上 3C-SiC 平台的 MEMS 热膜流量传感器[52]。图 6.5（a）和表 6.4 显示了传感器配置形式和关键尺寸。图 6.5（b）、（c）分别对应通道中不同空气流速下的两种尺寸传感器的输出特性，其中，较小的方形加热器尺寸为 $100\mu m \times 100\mu m$ 和较大的方形加热器尺寸为 $1000\mu m \times 1000\mu m$。由图可知，$0 \sim 9m/s$ 流速范围内，小加热器结构的电阻变化为 0.76%，大加热器结构的电阻变化为 58.36%。图 6.5（b）、（c）的插图所示为层流条件下的传感器性能。值得注意的是，层流区的热损相对较低，随着流动条件向过渡性或湍流性的转变而增加。

表 6.4　Balakrishnan 等报道的 SiC 流量传感器的尺寸[52]

传感器尺寸	1	2	3
加热器宽度 $w_h/\mu m$	100	300	1000
加热器长度 $l_h/\mu m$	100	300	1000
传感器宽度 $w_s/\mu m$	10	10	10
传感器长度 $l_s/\mu m$	100	300	1000
加热器与传感器之间的距离 $d_{hs}/\mu m$	10	10	10

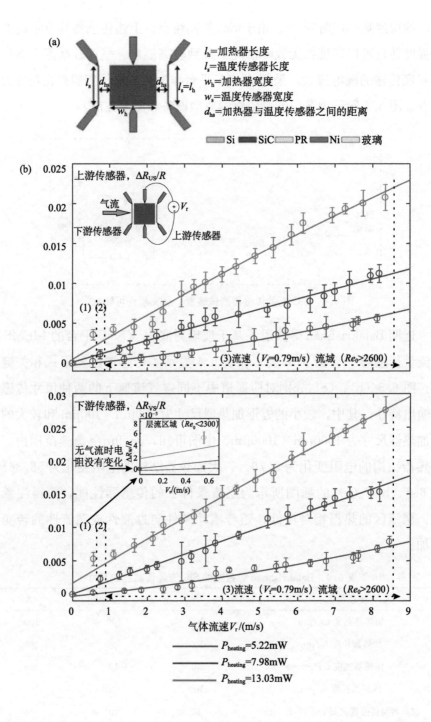

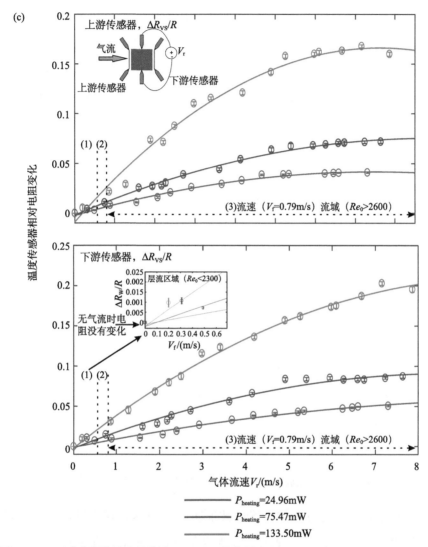

图 6.5　SiC/玻璃热薄膜流量传感器。(a) 传感器布局；(b) $100\mu m \times 100\mu m$ 的 SiC 热流量传感器性能；(c) $1000\mu m \times 1000\mu m$ 的 SiC 热流量传感器性能

传感器的灵敏度作如下定义：

$$S = \left(\frac{\Delta R/R}{V_f}\right) = \left(\frac{(R_{\text{flow\_off}} - R_{\text{flow\_on}})/R_{\text{flow\_off}}}{V_f}\right) \quad (6.5)$$

式中，$R_{\text{flow\_off}}$ 和 $R_{\text{flow\_on}}$ 代表温度传感器 0m/s 时初始电阻以及在流速 V_f 时的电阻。$1000\mu m \times 1000\mu m$ 大加热器设计的灵敏度在 $S = 0.091$s/m 时最高，而 $100\mu m \times 100\mu m$ 的小加热器设计的灵敏度仅约为 7.32×10^{-4} s/m[52]。

图 6.6 显示了 SiC 流量传感器的热响应时间，这是代表流量瞬态响应的关键参数。理论上，热时间常数 τ 是通过拟合电阻与温度关系曲线 $R_s(t) = R_0(1-e^{-t/\tau})$ 而确定的，其中，R_0 表示无外加电压时传感器电阻值。试验上，热时间常数通过传感器电阻值达到稳态电阻值 63% 所需时间估计得到[48]。加热和冷却阶段（图 6.4），显示热响应时间约为 2s。SiC/玻璃流量传感器的响应时间与在绝缘基底上构建的其他非释放热流传感器的响应时间相当，而采用金属、硅和 SiC 的 MEMS 热流量传感器的热响应时间通常小于 50ms[34,53,54]。相比而言，SiC/玻璃传感器的响应时间要慢很多，玻璃衬底的热质量大是主要原因。表 6.3 为 SiC 流量传感器与其他热流量传感器的性能比较。

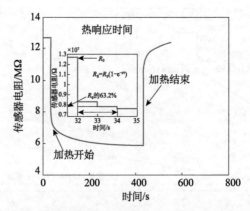

图 6.6　SiC/玻璃热膜流量传感器的响应。经文献许可转载[52]

近年来，非故意 n 型掺杂 SiC 被证明可作为热膜式流量传感器测量高温空气流量。图 6.7（a）显示了传感器在 300℃ 条件下功率为 35W/cm² 时的电阻变化。图 6.7（b）显示了 SiC 流量传感器对热空气流（约 130℃）的电流响应情况。测量电流随外部空气流量减小而降低，结果表明，空气流动降低了传感器温度且非故意掺杂 SiC 薄膜为负电阻温度系数。因此，上述会导致 SiC 电阻值增加。同时，测试结果表明系统具有高信噪比。然而，流量传感器的响应时间相对较慢（图 6.7（b））。主要的原因可能是向玻璃基板的热传导产生的功率损耗较大。将 SiC 材料与衬底隔离为提高流量传感器的响应时间提供了可能性，这可通过刻蚀玻璃来释放 SiC 并形成悬浮结构来实现。

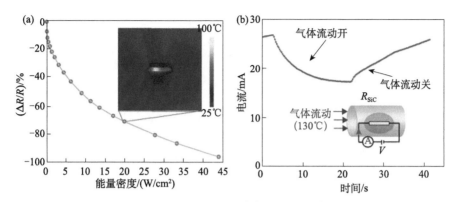

图 6.7　高温下用于监测流量的热膜流量传感器[51]。（a）SiC 薄膜中的焦耳热效应，插图为 SiC 加热器在功率为 20W/cm² 条件下的红外图像；（b）130℃气流下 SiC 流量传感器的响应，插图为试验装置的示意图。经文献许可转载[51]

6.2.2　量热式流量传感器

量热式传感原理为：给加热器施加流量时，导致加热器外围的温度场分布发生不对称变化，上游温度传感器和下游温度传感器间存在温差（图 6.3（b））。温差 ΔT 的形式为[31]

$$\Delta T = T(e^{x_1 d_1} - e^{x_2 d_2}) \tag{6.6}$$

式中，T 为加热器温度；d_1 和 d_2 分别为加热器与上游热电阻和下游热电阻的距离；x_1 和 x_2 是取决于周围流体特性（如速度、热扩散率和边界层厚度）的两个参数。量热式流量检测方法的优点是，在小流量检测时具有较高灵敏度，且利用上游和下游的两个热电阻实现对流向的感测。此外，SiC 量热式流量传感器的开发对实现恶劣环境应用具有重要意义。Lee 等报道了一种 SiN/Si 平台的量热式流量传感器（图 6.8（a）），包括一个 n 型多晶 SiC 加热器以及布置在加热器附近的一个下游温度传感器和两个上游温度传感器。在室温至 100℃环境中，上述传感器的灵敏度为 0.73sccm⁻¹，响应时间约 15ms，负 TCR 值为 −1240ppm/K[42]。图 6.8（b）显示了温度传感器电阻与流速变化的依赖关系，显然，外加电流增大导致热流量感器信号具有更高的信噪比。

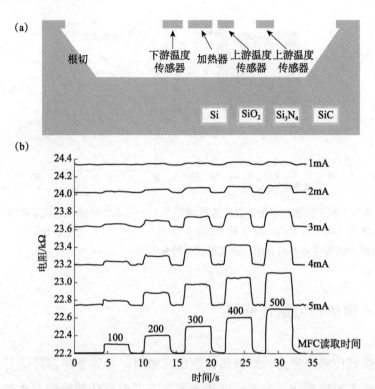

图 6.8　SiC 量热式热流量传感器。（a）带有加热器、下游温度传感器和两个上游温度传感器的 SiC 流量传感器结构；（b）上游温度传感器在不同流量和不同外加电流下的电阻值。经文献许可转载[42,55]

6.2.3　飞行时间流量传感器

对于飞行时间流量传感，传输时间 τ 为热脉冲从加热器传输到温度传感器经历的时间（图 6.9）。传输时间由介质的流速、导热系数和扩散系数等确定。然而，目前还没有关于基于 SiC 材料设计飞行时间热流量传感器的相关报道。

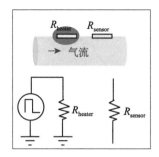

图 6.9　飞行时间流量传感器的工作原理及对应电路[44,48]

6.3　对流加速度计与陀螺仪

6.3.1　对流加速度计

另一类用于测量加速度和角速度的 MEMS 传感器是微加速度计和陀螺仪。基于惯性质量的常规加速度计通过集成应变片和压阻效应来感测加速度，主要缺点是其抗冲击性和制造复杂度。基于热阻效应的对流加速度计不借助惯性质量块即可工作，被提出主要用以减小上述提到的抗冲击性和工艺复杂的局限。对流加速计最早由 Weber 提出并实施，之后基于 MEMS 技术进行开发[56-58]。

对流加速度计工作原理如图 6.10 所示，焦耳加热效应使加热器周围温度升高，加速度产生的惯性力引起热流体气泡的运动，并进一步导致加热器周围不对称的温度分布。通过两个相同的温度传感器检测温度差大小，加热器到两个温度传感器的距离相同。

为了防止外部扰动，在密封/封闭腔体中封装时通常需要使用对流加速计。传感器设计时，为降低加速度计的功耗，通常将加热器与基板设置腔体进行热隔离。

近二十年来，对流式加速度计一直朝着高灵敏度、快速响应的方向发

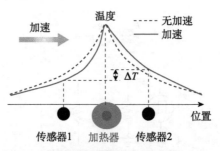

图 6.10　对流加速度计工作原理[48,56]

展。表 6.1 总结介绍了文献中报道的对流加速度计的性能。高灵敏度对流加速度计具有广泛的应用前景，因此，对流加速度计设计参数的优化一直是研究的热点，设计参数影响总结如下[59-70]：

(1) 电源功率和腔体尺寸的增加会提高灵敏度。

(2) 频率响应随空腔尺寸的增大而减小。

(3) 低黏度、高热扩散系数的气体将增加对流加速度计的灵敏度和频率响应。

对流式加速度计逐渐发展出单轴（1D）、双轴（2D）和三轴（3D）等配置形式。一维加速度计通常采用常规的微加工技术制造[56,58-62]。文献中利用标准 MEMS 技术在薄膜平台上开发了数量有限的二维（平面）对流加速度计[65,71]。然而，实现面外加速度的三维对流加速度计的制造却面临着巨大挑战，因为制造过程涉及各种复杂非标准的技术[66]。例如，基于 2D 加速度计的工作原理，最近制造了一种单片式三轴对流加速度计。然而，该加速度计对 Z 轴施加的加速度不敏感，且需要复杂电路来进行信号的跟踪和检测。

6.3.2　对流陀螺仪

陀螺仪在汽车及其他行业有广泛应用，包括相机和手机的稳定及防侧倾等领域。陀螺仪可用于惯性鼠标、显示器和其他电子设备。从原理上讲，机械陀螺仪的工作原理是在角速度作用下，基于惯性质量的科里奥利效应实现对角速度的测量。

　　然而，机械陀螺仪结构比较脆弱，抗振动性差且噪声水平高。对流式陀螺仪的引入是为了解决传统机械陀螺仪的上述缺点[13,72-76]。图 6.11 显示了热陀螺仪的工作原理。例如，一种双轴对流陀螺仪样机的分辨率高达 $0.05(°)/s$，灵敏度高达 $0.1mV/((°) \cdot s)$，$-3dB$ 下的带宽达 $60Hz$[74]。为了进一步提高灵敏度和多轴检测能力，对流陀螺仪的研制方面已经开展了大量的研究工作，然而目前尚没有基于 SiC 材料研制出对流陀螺仪。

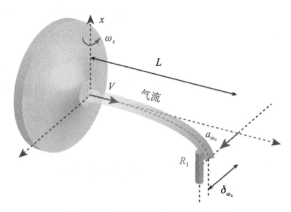

图 6.11　热陀螺仪工作原理[48,72]

6.4　其他应用

6.4.1　易燃气体传感器

　　SiC 热阻效应已被用于可燃气体等化学成分的监测。例如，由于在燃烧过程中温度的变化，热阻传感器可以检测作用在其活性表面上的气体[18]。通常金属氧化物和化合物由于其优异的催化性能，通常被用于可燃气体检测[77]。工业环境中存在氢和碳氢化合物等多种可燃气体，为维持环境中工作系统的安全性和效率，需要对这些气体进行测量。然而，有害气体检测系统的安装成本居高不下。为气体传感器配置电池供能和无线传输等可有效降低安装成本，但它需要大功率电源将传感器温度升高至 500℃。为了将功耗降到最低，可使用 MEMS 技术实现传感器小型化。SiC 具有高温加热和低功耗的能力和优势，已被证明是可燃气体传感应用的有效部组件。

SiC 加热器可用作气体传感器，如图 6.12（a）所示。Harley Trochimczyk 等[77]报道了一种在低应力氮化硅薄膜上的 SiC 加热器，可在 20mW 低功耗下被加热到 500℃（图 6.12（b））。如图 6.12（c）所示，用载铂纳米颗粒的氮化硼气凝胶（Pt-BN）对 SiC 进行功能化处理。

图 6.12（d），（e）显示了传感器在不同湿度和氧气条件下对丙烷的响应。当气体浓度升至 20000ppm 时，传感器电阻下降 4%。结果表明，传感器对丙烷监测具有较高的灵敏度和稳定性，报道的快速反应和恢复时间可达到 1s。

6.4.2　集成加热、感知和微流控冷却的 SiC MEMS

基于 SiC 薄膜热电效应开发了一套 MEMS 集成系统，主要有加热器、温度传感器和冷却通道等。图 6.13 为该系统的最新设计，包括一系列加热/传感 SiC 单元阵列，冷却通道通过键合连接在芯片背面（图 6.13（a））。通过加热器提升装置温度，布置在附近的两个温度传感器对温度进行检测。冷却系统启动后，温度降低导致温度传感器电阻增大，通过监测电阻变化并记录温度情况。图 6.13（b）显示了 SiC 加热/传感单元的放大图像，图 6.13（c）～（e），（h）展示了成品组件和系统。

如图 6.14（a）所示，可以对热系统进行建模。器件总热阻是玻璃基板的热阻和散热器对流体 R_{sink} 热阻的总和。R_{sink} 计算如下：

$$R_{sink} \sim \frac{1}{mC_p(1-e^{-\frac{hA}{mC_p}})} \tag{6.7}$$

式中，m 和 C_p 分别表示质量流量和比热容；h 和 A 为传热系数和有效面积。为提高冷却效率，应通过减小玻璃衬底的厚度来降低玻璃的热阻 R_{glass}。此

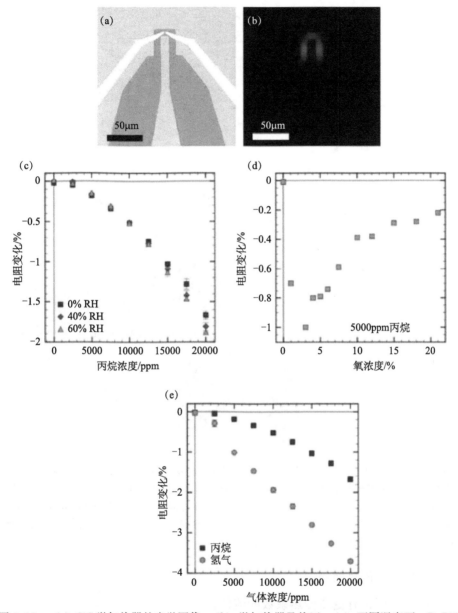

图 6.12 （a）SiC 微加热器的光学图像；（b）微加热器及热区；（c）不同湿度下，Pt-BN-SiC 在 500℃时对丙烷的电阻变化；（d）不同氧浓度条件下 SiC 加热器对 5000ppm 丙烷的响应；（e）SiC 传感器对丙烷和氢气的响应。经文献许可转载[77]

外，R_{sink} 设计值也应该降低。这种情况下，几个参数可以考虑如下：

（1）提高流体速度；

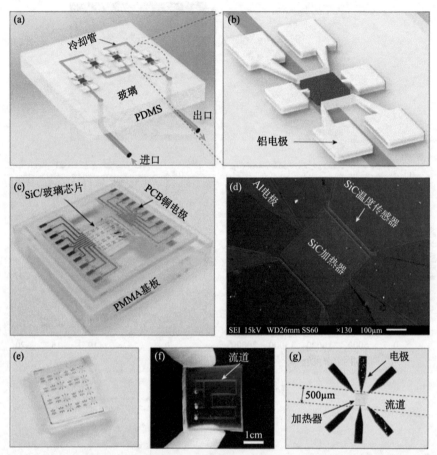

图 6.13 集成了加热、传感和微流控冷却系统的 SiC 功率电子系统。（a）带有加热/传感单元（SiC 加热器和两个温度传感器）和 PDMS 冷却通道的冷却装置示意图；（b）加热/传感单元的放大图；（c）冷却装置的照片；（d）SiC 加热器及两个温度传感器的电镜图片；（e）与通道对准的 SiC 芯片的照片；（f）PDMS 通道照片；（g）与冷却通道对齐的加热/冷却照片。经参考文献［78］许可转载

（2）增加传热面积；

（3）使用具有更高传热系数的流体。

图 6.14（b）所示为 SiC 温度传感器测量的 MEMS 器件的温度变化。当向 SiC 加热器施加 2.5V 电压时（关闭切换至打开），芯片温度从 25℃升高至最高温度 113℃。约 150s 后冷却系统被激活，100μL/min 的流速导致系统温度稳定在 89℃，下降了 24℃。当冷却系统关闭（水流量为零）时，

MEMS 器件的温度又升至 113℃ 的最高温度。

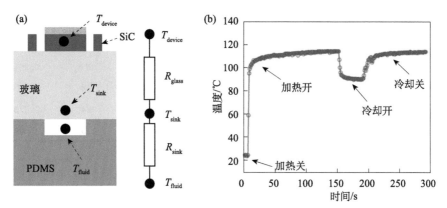

图 6.14　热力系统建模。(a) 系统的热阻；(b) 系统对加热和冷却效果的响应，外加电压为 2.5V，水流量为 100μL/min。经文献许可转载[78]

系统的冷却效率可根据冷却温度和芯片温度进行评估，公式如下：

$$\gamma = \frac{\Delta T}{T_{\max} - T_{\text{room}}} \tag{6.8}$$

图 6.15 (a) 显示了装置在 100μL/min 流速下的冷却效果。对于不同的芯片温度，冷却效率范围为 0.24~0.28。表 6.5 展示了 SiC 冷却系统与其他冷却系统的性能对比。此外，增加冷却速度可提升冷却温差以及冷却的效率（图 6.15 (b)）。

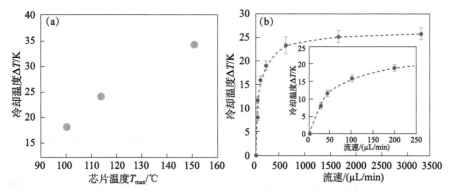

图 6.15　(a) 恒定流速为 100μL/min 时的冷却效果；(b) 流速对冷却效应的影响，插图显示的冷却效果范围为 0~200μL/min。经文献许可转载[78]

表 6.5　SiC 冷却系统与文献报道对比

电压	加热	感知	冷却	生产	T_{max}/℃	ΔT	效率
—	否	否	是	小规模	40	2.9	0.17
—	否	否	是	小规模	50	4.0	0.15
—	否	否	是	小规模	50	6.6	0.264
2V	是	是	是	简单大规模	100	18	0.24
2.5V	是	是	是	简单大规模	113	24	0.273
3V	是	是	是	简单大规模	150	35	0.28

参 考 文 献

[1] T. Dinh, H.-P. Phan, A. Qamar, P. Woodfield, N.-T. Nguyen, D. V. Dao, Thermoresistive effect for advanced thermal sensors: fundamentals, design considerations, and applications. J. Microelectromech. Syst. (2017)

[2] R. C. S. Freire, S. Y. C. Catunda, B. A. Luciano, Applications of thermoresistive sensors using the electric equivalence principle. IEEE Trans. Instrum. Meas. 58, 1823-1830 (2009)

[3] T. Nagai, K. Yamamoto, I. Kobayashi, Rapid response SiC thin-film thermistor. Rev. Sci. Instrum. 55, 1163-1165 (1984)

[4] T. Nagai, M. Itoh, SiC thin-film thermistors. IEEE Trans. Ind. Appl. 26, 1139-1143 (1990)

[5] E. A. de Vasconcelos, W. Y. Zhang, H. Uchida, T. Katsube, Potential of high-purity polycrystalline silicon carbide for thermistor applications. Jpn. J. Appl. Phys. 37, 5078 (1998)

[6] E. A. de Vasconcelos, S. Khan, W. Zhang, H. Uchida, T. Katsube, Highly sensitive thermistors based on high-purity polycrystalline cubic silicon carbide. Sens. Actuators A 83, 167-171 (2000)

[7] N. Boltovets, V. Kholevchuk, R. Konakova, Y. Y. Kudryk, P. Lytvyn, V. Milenin et al., A silicon carbide thermistor. Semicond. Phys. Quantum Electron. Optoelectron. 9, 67-70 (2006)

[8] C. Chen, Evaluation of resistance-temperature calibration equations for NTC ther-

mistors. Measurement 42, 1103-1111 (2009)

[9] A. Feteira, Negative temperature coefficient resistance (NTCR) ceramic thermistors: an industrial perspective. J. Am. Ceram. Soc. 92, 967-983 (2009)

[10] H. Al-Mumen, F. Rao, L. Dong, W. Li, Design, fabrication, and characterization of grapheme thermistor, in 2013 8th IEEE International Conference on Nano/Micro Engineered and Molecular Systems (NEMS) (2013), pp. 1135-1138

[11] C. Yan, J. Wang, P. S. Lee, Stretchable graphene thermistor with tunable thermal index. ACS Nano 9, 2130-2137 (2015)

[12] V. Mitin, V. Kholevchuk, A. Semenov, A. Kozlovskii, N. Boltovets, V. Krivutsa et al., Nanocrystalline SiC film thermistors for cryogenic applications. Rev. Sci. Instrum. 89, 025004 (2018)

[13] H. Chang, X. Gong, S. Wang, P. Zhou, W. Yuan, On improving the performance of a triaxis vortex convective gyroscope through suspended silicon thermistors. IEEE Sens. J. 15, 946-955 (2015)

[14] G. S. Deep, R. Freire, P. Lobo, J. R. Neto, A. Lima, Dynamic response of thermoresistive sensors. IEEE Trans. Instrum. Meas. 41, 815-819 (1992)

[15] M. Prudenziati, A. Taroni, G. Zanarini, Semiconductor sensors: I—Thermoresistive devices. IEEE Trans. Ind. Electron. Control Instrum., 407-414 (1970)

[16] P. Fau, J. Bonino, J. Demai, A. Rousset, Thin films of nickel manganese oxide for NTC thermistor applications. Appl. Surf. Sci. 65, 319-324 (1993)

[17] A. Feltz, W. Pölzl, Spinel forming ceramics of the system $Fe_xNi_yMn_{3-x-y}O_4$ for high temperature NTC thermistor applications. J. Eur. Ceram. Soc. 20, 2353-2366 (2000)

[18] Z. Yue, J. Shan, X. Qi, X. Wang, J. Zhou, Z. Gui et al., Synthesis of nanocrystalline manganite powders via a gel auto-combustion process for NTC thermistor applications. Mater. Sci. Eng., B 99, 217-220 (2003)

[19] K. Wasa, T. Tohda, Y. Kasahara, S. Hayakawa, Highly-reliable temperature sensor using rfsputtered SiC thin film. Rev. Sci. Instrum. 50, 1084-1088 (1979)

[20] E. Obermeier, High temperature microsensors based on polycrystalline diamond thin films, in The 8th International Conference on Solid-State Sensors and Actuators, 1995 and Eurosensors IX. Transducers' 95 (1995), pp. 178-181

[21] M. R. Werner, W. R. Fahrner, Review on materials, microsensors, systems and

devices for hightemperature and harsh-environment applications. IEEE Trans. Industr. Electron. 48, 249-257 (2001)

[22] N. Zhang, C.-M. Lin, D. G. Senesky, A. P. Pisano, Temperature sensor based on 4H-silicon carbide pn diode operational from 20℃ to 600℃. Appl. Phys. Lett. 104, 073504 (2014)

[23] S. M. Sze, K. K. Ng, Physics of Semiconductor Devices (Wiley, New York, 2006)

[24] D. Peters, R. Schörner, K.-H. Hölzlein, P. Friedrichs, Planar aluminum-implanted 1400V 4H silicon carbide pn diodes with low on resistance. Appl. Phys. Lett. 71, 2996-2997 (1997)

[25] S. Rao, G. Pangallo, F. Pezzimenti, F. G. Della Corte, High-performance temperature sensor based on 4H-SiC Schottky diodes. IEEE Electron Device Lett. 36, 720-722 (2015)

[26] S. Rao, G. Pangallo, F. G. Della Corte, Highly linear temperature sensor based on 4H-silicon carbide pin diodes. IEEE Electron Device Lett. 36, 1205-1208 (2015)

[27] G. Chen, S. Bai, A. Liu, L. Wang, R. H. Huang, Y. H. Tao, et al., Fabrication and application of 1.7kV SiC-Schottky diodes, in Materials Science Forum (2015), pp. 579-582

[28] J. B. Casady, W. C. Dillard, R. W. Johnson, U. Rao, A hybrid 6H-SiC temperature sensor operational from 25/spl deg/℃ to 500/spl deg/℃. IEEE Trans. Compon. Packag. Manuf. Technol. Part A 19, 416-422 (1996)

[29] S. Rao, G. Pangallo, F. G. Della Corte, 4H-SiC pin diode as highly linear temperature sensor. IEEE Trans. Electron Devices 63, 414-418 (2016)

[30] S. B. Hou, P. E. Hellström, C. M. Zetterling, M. Östling, 4H-SiC PIN diode as high temperature multifunction sensor, in Materials Science Forum (2017), pp. 630-633

[31] J. T. Kuo, L. Yu, E. Meng, Micromachined thermal flow sensors—a review. Micromachines 3, 550-573 (2012)

[32] S. C. Bailey, G. J. Kunkel, M. Hultmark, M. Vallikivi, J. P. Hill, K. A. Meyer et al., Turbulence measurements using a nanoscale thermal anemometry probe. J. Fluid Mech. 663, 160-179 (2010)

[33] S.-T. Hung, S.-C. Wong, W. Fang, The development and application of micro-

thermal sensors with a mesh-membrane supporting structure. Sens. Actuators，A 84，70-75 (2000)

［34］ C. Lyons，A. Friedberger，W. Welser，G. Muller，G. Krotz，R. Kassing，A high-speed mass flow sensor with heated silicon carbide bridges，in The Eleventh Annual International Workshop on Micro Electro Mechanical Systems，1998. MEMS 98. Proceedings (1998)，pp. 356-360

［35］ A. S. Cubukcu，E. Zernickel，U. Buerklin，G. A. Urban，A 2D thermal flow sensor with sub-mW power consumption. Sens. Actuators，A 163，449-456 (2010)

［36］ R. Ahrens，K. Schlote-Holubek，A micro flow sensor from a polymer for gases and liquids. J. Micromech. Microeng. 19，074006 (2009)

［37］ R. J. Adamec，D. V. Thiel，Self heated thermo-resistive element hot wire anemometer. IEEE Sens. J. 10，847-848 (2010)

［38］ C. Li，P. -M. Wu，J. Han，C. H. Ahn，A flexible polymer tube lab-chip integrated with microsensors for smart microcatheter. Biomed. Microdevice 10，671-679 (2008)

［39］ P. Bruschi，M. Dei，M. Piotto，A low-power 2-D wind sensor based on integrated flow meters. IEEE Sens. J. 9，1688-1696 (2009)

［40］ F. Keplinger，J. Kuntner，A. Jachimowicz，F. Kohl，Sensitive measurement of flow velocity and flow direction using a circular thermistor array，in GMe Workshop (2006)，pp. 133-137

［41］ J. Robadey，O. Paul，H. Baltes，Two-dimensional integrated gas flow sensors by CMOS IC technology. J. Micromech. Microeng. 5，243 (1995)

［42］ J. -G. Lee，M. I. Lei，S. -P. Lee，S. Rajgopal，M. Mehregany，Micro flow sensor using polycrystalline silicon carbide. J. Sensor Sci. Technol. 18，147-153 (2009)

［43］ H. Berthet，J. Jundt，J. Durivault，B. Mercier，D. Angelescu，Time-of-flight thermal flowrate sensor for lab-on-chip applications. Lab Chip 11，215-223 (2011)

［44］ E. Meng，P. -Y. Li，Y. -C. Tai，A biocompatible Parylene thermal flow sensing array. Sens. Actuators，A 144，18-28 (2008)

［45］ T. Dinh，H. -P. Phan，D. V. Dao，P. Woodfield，A. Qamar，N. -T. Nguyen，Graphite on paper as material for sensitive thermoresistive sensors. J. Mater. Chem. C 3，8776-8779 (2015)

［46］ T. Dinh，H. -P. Phan，T. -K. Nguyen，A. Qamar，A. R. M. Foisal，T. N. Viet et al., Environmentfriendly carbon nanotube based flexible electronics for noninvasive and wearable healthcare. J. Mater. Chem. C 4, 10061-10068 (2016)

[47] T. Dinh, H.-P. Phan, T.-K. Nguyen, A. Qamar, P. Woodfield, Y. Zhu et al., Solvent-free fabrication of biodegradable hot-film flow sensor for noninvasive respiratory monitoring. J. Phys. D Appl. Phys. 50, 215401 (2017)

[48] T. Dinh, H.-P. Phan, A. Qamar, P. Woodfield, N.-T. Nguyen, D. V. Dao, Thermoresistive effect for advanced thermal sensors: Fundamentals, design considerations, and applications. J. Microelectromech. Syst. 26, 966-986 (2017)

[49] S. Noh, J. Seo, E. Lee, The fabrication by using surface MEMS of 3C-SiC microheaters and RTD sensors and their resultant properties. Trans. Electr. Electron. Mater 10, 131-134 (2009)

[50] F. Mailly, A. Giani, R. Bonnot, P. Temple-Boyer, F. Pascal-Delannoy, A. Foucaran et al., Anemometer with hot platinum thin film. Sens. Actuators, A 94, 32-38 (2001)

[51] T. Dinh, H.-P. Phan, T.-K. Nguyen, V. Balakrishnan, H.-H. Cheng, L. Hold et al., Unintentionally doped epitaxial 3C-SiC (111) nanothin film as material for highly sensitive thermal sensors at high temperatures. IEEE Electron Device Lett. 39, 580-583 (2018)

[52] V. Balakrishnan, T. Dinh, H.-P. Phan, D. V. Dao, N.-T. Nguyen, Highly sensitive 3C-SiC on glass based thermal flow sensor realized using MEMS technology. Sens. Actuators A Phys. (2018)

[53] S. Issa, H. Sturm, W. Lang, Modeling of the response time of thermal flow sensors. Micromachines 2, 385-393 (2011)

[54] C. Sosna, T. Walter, W. Lang, Response time of thermal flow sensors with air as fluid. Sens. Actuators, A 172, 15-20 (2011)

[55] M. I. Lei, Silicon Carbide High Temperature Thermoelectric Flow Sensor (Case Western Reserve University, 2011)

[56] A. M. Leung, J. Jones, E. Czyzewska, J. Chen, M. Pascal, Micromachined accelerometer with no proof mass, in Electron Devices Meeting, 1997. IEDM'97. Technical Digest., International (1997), pp. 899-902

[57] "Accelerometer," ed: Google Patents (1948)

［58］ A. Leung, J. Jones, E. Czyzewska, J. Chen, B. Woods, Micromachined accele-rometer based on convection heat transfer, in The Eleventh Annual International Workshop on Micro Electro Mechanical Systems, 1998. MEMS 98. Proceedings (1998), pp. 627-630

［59］ X. Luo, Y. Yang, F. Zheng, Z. Li, Z. Guo, An optimized micromachined con-vective accelerometer with no proof mass. J. Micromech. Microeng. 11, 504 (2001)

［60］ X. Luo, Z. Li, Z. Guo, Y. Yang, Thermal optimization on micromachined con-vective accelerometer. Heat Mass Transf. 38, 705-712 (2002)

［61］ X. Luo, Z. Li, Z. Guo, Y. Yang, Study on linearity of a micromachined convec-tive accelerometer. Microelectron. Eng. 65, 87-101 (2003)

［62］ F. Mailly, A. Giani, A. Martinez, R. Bonnot, P. Temple-Boyer, A. Boyer, Mi-cromachined thermal accelerometer. Sens. Actuators, A 103, 359-363 (2003)

［63］ F. Mailly, A. Martinez, A. Giani, F. Pascal-Delannoy, A. Boyer, Design of a micromachined thermal accelerometer: thermal simulation and experimental results. Micro-electron. J. 34, 275-280 (2003)

［64］ L. Lin, J. Jones, A liquid-filled buoyancy-driven convective micromachined acce-lerometer. J. Microelectromech. Syst. 14, 1061-1069 (2005)

［65］ V. T. Dau, D. V. Dao, S. Sugiyama, A 2-DOF convective micro accelerometer with a low thermal stress sensing element. Based on work presented at IEEE Sensor 2006: The 5th IEEE Conference on Sensors, Oct. 22-25, 2006, Daegu, Korea. Smart Mater. Struct. 16, 2308 (2007)

［66］ B. T. Tung, D. V. Dao, R. Amarasinghe, N. Wada, H. Tokunaga, S. Sugiyama, Development of a 3-DOF micro accelerometer with wireless readout 電気学会論文誌 E（セ ンサ・マイクロマシン部門誌）128, 235-239 (2008)

［67］ S. -H. Tsang, A. H. Ma, K. S. Karim, A. Parameswaran, A. M. Leung, Monol-ithically fabricated polymermems 3-axis thermal accelerometers designed for automated wire-bonder assembly, in IEEE 21st International Conference on Micro Electro Mechanical Sys-tems, 2008. MEMS 2008 (2008), pp. 880-883

［68］ S. -J. Chen, C. -H. Shen, A novel two-axis CMOS accelerometer based on thermal convection. IEEE Trans. Instrum. Meas. 57, 1572-1577 (2008)

［69］ U. Park, D. Kim, J. Kim, I. -K. Moon, C. -H. Kim, Development of a complete dual-axis micromachined convective accelerometer with high sensitivity. Sens. IEEE 2008,

670-673（2008）

[70] J. Bahari, J. D. Jones, A. M. Leung, Sensitivity improvement of micromachined convective accelerometers. J. Microelectromech. Syst. 21, 646-655 (2012)

[71] R. Amarasinghe, D. V. Dao, T. Toriyama, S. Sugiyama, Development of miniaturized 6-axis accelerometer utilizing piezoresistive sensing elements. Sens. Actuators, A 134, 310-320 (2007)

[72] V. T. Dau, D. V. Dao, T. Shiozawa, H. Kumagai, S. Sugiyama, Development of a dual-axis thermal convective gas gyroscope. J. Micromech. Microeng. 16, 1301 (2006)

[73] H. Kumagai, S. Sugiyama, A single-axis thermal convective gas gyroscope. Sens. Mater. 17, 453-463 (2005)

[74] D. V. Dao, V. T. Dau, T. Shiozawa, S. Sugiyama, Development of a dual-axis convective gyroscope with low thermal-induced stress sensing element. J. Microelectromech. Syst. 16, 950 (2007)

[75] V. T. Dau, D. V. Dao, T. X. Dinh, T. Shiozawa, S. Sugiyama, Optimization of PZT diaphragm pump for the convective gyroscope. 電気学会論文誌 E（センサ・マイクロマシン部門誌）127, 347-352 (2007)

[76] V. T. Dau, D. V. Dao, T. Shiozawa, S. Sugiyama, Simulation and fabrication of a convective gyroscope. IEEE Sens. J. 8, 1530-1538 (2008)

[77] A. Harley-Trochimczyk, A. Rao, H. Long, A. Zettl, C. Carraro, R. Maboudian, Low-power catalytic gas sensing using highly stable silicon carbide microheaters. J. Micromech. Microeng. 27, 045003 (2017)

[78] T. Dinh, H.-P. Phan, N. Kashaninejad, T.-K. Nguyen, D. V. Dao, N.-T. Nguyen, An on-chip SiC MEMS device with integrated heating, sensing and microfluidic cooling systems. Adv. Mater. Interfaces 1, 1 (2018)

第 7 章　SiC 热电传感器展望

摘　要　本章将从新平台开发及与其他材料高温应用中集成能力等角度介绍 SiC MEMS 热电传感器的发展前景。同时，本章介绍了 SiC 热电特性在谐振传感器等传感系统中的潜在应用，并将讨论高温中开发 SiC 热器件的挑战和机遇。

关键词　绝缘体上 SiC、SiC 集成器件、高温 SiC 传感器

7.1　绝缘体上 SiC 薄膜

单晶 3C-SiC 通常能在大面积 Si 衬底上实现低成本生长[1-3]。然而由于本征载流子的产生以及高温退化等，Si 材料不适合用于高温 MEMS 传感器中[4-8]。此外，高温下 3C-SiC 向 Si 衬底的漏电流会导致 SiC 电子器件的不精确和不可靠[9]。因此，开发能够在高温下可靠工作的新型 SiC 平台需求越来越大[10,11]。最近的研究表明，在玻璃衬底上生长 3C-SiC 材料可形成一种新的平台结构[12]。图 7.1（a）所示为具有界面层的生长在 Si 衬底上的 3C-SiC 结构[13]，图 7.1（b）显示了 Si 衬底上 n 型 SiC（左侧）和 p 型 SiC（右侧）对应的能带膈膜。SiO_2 的大禁带能隙可完全阻止电子和空穴从 3C-SiC 向衬底转移。同时，用 SiO_2 代替 Si 也可消除载流子源。该平台的另一个优点是，SiC 和玻璃均具有较好的透明度，在透明电极和加热

器等领域有广泛的应用前景。

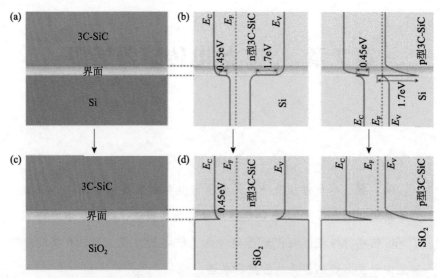

图 7.1　(a) Si 上 3C-SiC 平台；(b) n 型和 p 型 3C-SiC 对应的能带结构；(c) 一种新型的绝缘体上 3C-SiC 平台以及 (d) 对应的能带结构。经文献许可转载[13]

为制备玻璃上单晶 3C-SiC 平台结构，首先采用低压化学沉积 (LPCVD) 在 Si 衬底上生长单晶 SiC[14-20]。小规模生产中将 SiC 薄膜从 Si 衬底上释放，接着使用聚焦离子束将 SiC 薄膜切割成小片并转移到玻璃衬底上。然而，对大规模生产而言，通过阳极键合将 Si/SiC 平台与玻璃基板连接[21]，接着采用机械抛光和湿法腐蚀工艺去除 Si 衬底，图 7.2 所示为详细的转移工艺和技术。

基于上述绝缘体上 SiC 平台，已开发了一系列适合高温应用的传感器（如温度传感器）。基于上述平台研制的温度传感器短期内可在高达 500℃ 高温下工作且具有较高的灵敏度[22]，此外，基于热膜配置形式的高灵敏度热流量传感器也得到了验证[23]。上述高温传感器平台的成功研发为在恶劣环境中工作的各种电子产品开辟了一条新途径[24]。

目前，玻璃上 SiC 结构的主要缺点之一是仅能工作在 500℃ 以下；另一个缺点是，玻璃基板的加工及刻蚀难度大也使 SiC 结构释放面临较大挑战。SiC 电子学未来的发展前景可能是，将高质量 SiC 薄膜转移到 SOI 衬

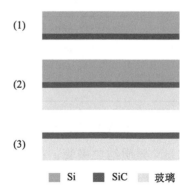

图 7.2　玻璃衬底上的 SiC 平台及工艺流程。（1）Si 上 SiC 纳米薄膜的生长；（2）SiC 纳米薄膜与玻璃衬底键合；（3）SiC/玻璃平台的形成。经文献许可转载[13]

底上[13]。SOI 衬底主材料层为 Si，还有一层非常薄的 SiO$_2$。该平台结构能有效地防止漏电流对衬底的影响，同时可有效简化器件的制备工艺。

7.2　SiC 热电器件与其他材料的集成

SiC 作为一种功能材料在高温传感领域有着广泛应用[5,6,8,25,26]。SiC 在恶劣条件下优异的耐受性，显然有利于为不同应用生长其他材料[26]。SiC 衬底与表 7.1 中所示的压电材料（如 AlN 和 GaN）间的低晶格失配，促进了 LED 和高频应用平台的发展[27-30]。由于在热膨胀系数和晶格适配方面更好的匹配性，GaN 和 AlN 材料可以在 SiC 衬底上实现低位错密度和晶圆翘曲度生长。例如，不同类型的 SiC（如 3C-SiC、4H-SiC 和 6H-SiC）被作为衬底用于生长 GaN 和 AlN，以降低 LED 的生产成本[31]。此外，SiC 因其优异的化学惰性可用作 GaN 和 AlN 器件制备过程中的腐蚀自停止层[32]，同时良好的导热性可降低 LED 工作温度并延长使用寿命。

表 7.1　GaN 和 AlN 功能材料与 SiC 等缓冲层的不匹配[50]

衬底	与 GaN 的晶格失配度	与 AlN 的晶格失配度	面内热膨胀系数/（ppm/K）
Si	17	19	2.6

续表

衬底	与 GaN 的晶格失配度	与 AlN 的晶格失配度	面内热膨胀系数/（ppm/K）
3C-SiC	3.9	0.95	3.9
GaN	—	2.5	5.6
AlN	2.5	—	4.2

大量应用表明，GaN/SiC 和 AlN/SiC 结构可在高温下工作[33-36]。例如，最近研发的 SiC 基 GaN 异质结二极管，在 300～650K 范围内灵敏度高达 2.25mV/K，结构如图 7.3 所示。

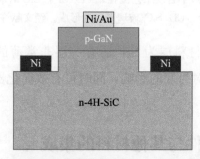

图 7.3   用于高温检测的 GaN/SiC 异质二极管[36]

将多功能传感器集成到单一功率 SiC 芯片引发研究者高度的兴趣。目前，在 300℃条件下高达 1.7kV 的 SiC 功率器件已实现商业化应用[37-40]。由于封装技术局限以及缺乏高温下采集数据的集成传感系统，SiC 功率器件工作温度仍相对较低。因此，在电力电子芯片上集成可靠的温度传感组件，进一步拓宽 SiC 功率器件工作温度范围十分必要。研究表明，SiC 温度传感器在功率器件和系统中具有很高的性能和集成能力。然而，传感器线性范围仅达到 300℃是当下的难点，同时有源传感及引脚面积大等给器件微型化带来了难度，未来应开展广泛研究以解决上述瓶颈。

7.3   SiC 热驱动器

从根本上说，温度变化可导致 SiC 结构热膨胀。SiC 电热驱动器基于电阻特性进行工作，因为焦耳加热效应使驱动器温度升高，并进一步产生热膨胀[41,42]。例如，热膨胀系数不同的双层材料（如 SiC 层上的金属层）被广泛用于弯曲结构并产生弯曲运动[42-45]。SiC 因优良的耐高温性能非常适合用于电热驱动器，然而高功耗和响应时间长等限制了热驱动的广泛应用。

目前，一些基本的 SiC 结构（如悬臂梁、桥和盘）已被成功地用作谐振器[43]。在上述结构中，金属层（如铝、铂和金）被沉积在 SiC 层上以形成晶片结构。在周期性电流作用下，SiC 功率分布发生变化产生热膨胀并导致微结构的振动。此外，两层材料间热膨胀系数不匹配会产生弯曲运动。利用上述基本原理，开发了在弯曲模态下工作的不同类型的 SiC 电热谐振器，其中，悬臂梁的谐振频率为 80kHz～1MHz，桥的谐振频率为 171kHz～1.766MHz，盘的谐振频率为 7MHz[43,46]。基于铝层和 SiC 层热膨胀特性的差异，许多研究报道了电热驱动 SiC 桥结构。然而这些驱动器依赖于涂覆在 SiC 层表面的金属层，该金属层不能在高温条件下应用，同时也会降低系统的谐振频率。

SiC 电热悬臂梁已在高达 100℃环境下成功应用于混频器中[47]。温度传感应用领域，谐振频率的偏移被用来确定温度变化。基于 SiC 结构的其他类型电热驱动也已成功制备[45]。然而，由于工作频率很高，目前尚无试验证明可基于单层 SiC 实现电热驱动。可以预期，随着先进的制备和测试技术发展，SiC 的耐高温特性将得到充分发挥并在高频、高品质因子的谐振器中得到广泛应用。

7.4　SiC 传感器的发展与挑战

三十年来，人们一直致力于研究发现用于高温应用的新型 SiC 技术。例如，6H-SiC 和 4H-SiC 晶圆分别于 1991 年、1994 年开始商业化应用（如 Cree Research Inc.）。然而这些晶圆的成本仍居高不下，因此，在提高

SiC 薄膜质量和降低成本方面取得了巨大的进步。3C-SiC 因其能够以高质量和低成本在 Si 衬底上生长的能力而闻名，是在恶劣环境下运行的 MEMS 传感器的材料选择。SiC 材料生长技术的发展，为实现 MEMS 传感器向高温领域应用提供了有利支持。

SiC 因具有大带隙和高灵敏度，是广泛应用于高温传感领域电子器件的理想材料。通过深入研究 SiC 热电特性，研究者提出将其应用在高温热传感中。SiC 的电阻温度系数（TCR）与以下方面密切相关[48]：

- 类型（如 3C-SiC，4H-SiC 和 6H-SiC）；
- 形态（如单晶、多晶和非晶结构）；
- 掺杂水平（当低掺杂水平 $<10^{17}\,\mathrm{cm}^{-3}$ 时，TCR 的负值最高可达 $-20000\,\mathrm{ppm/K}$；而高掺杂水平，可以使 TCR 变为正值）；
- 生长条件，如衬底温度和 SiC 薄膜厚度等。

除了以高灵敏度直接测量环境温度的性能外，具有合适的电阻率的 SiC 还可以基于焦耳加热效应提高温度。高熔点对开发 SiC 加热器非常重要，可实现 500℃ 高温下检测丙烷等可燃气体。SiC 加热器可原位集成在芯片上，而无须使用外部热源。将 SiC 加热器用于热流量传感器中，可以对测量流体进行流量。

由于 SiC 在高温下具有很高的热传感潜力，因此，未来可以开发具有在恶劣条件下工作的 SiC 传感器。目前，如 MOSFET 等功率电子器件已实现商业化，集成温度测试元件的困难导致系统应用无法突破 300℃。而基于 SiC 的电力电子器件有望在高达 600℃ 温度下工作[49]，这需要高性能集成传感系统以及高温下先进的封装技术取得重大发展。为此，需要开发可替代的感温元件及具有高热电灵敏度的新型材料。另外，由于高温下的热膨胀会引起设备的故障，因此开发热传感器应解决高温和恶劣环境的封装技术问题。同时，在设计 SiC 系统时还需要充分考虑恶劣条件下的高腐蚀性。

SiC 传感器的发展是从微系统到纳系统不断小型化的过程，从而可以增强系统的灵敏度和响应能力。因此，有必要开展 SiC 纳米线和纳米膜研究，以便将来集成到高温和恶劣条件下工作的纳米系统中。此外，对于SiC 传感器，在没有信号饱和的情况下进行大范围测量也是一个理想因素。同时，具有检测多个物理信号能力的大工作带宽也是 SiC 传感器关注的问题。

尽管 SiC 生长技术已取得巨大进展且有少量电子产品能实现高温商业化应用，但目前 SiC 晶圆的成本仍然居高不下，特别是 4H-SiC 和 6H-SiC 更是如此。在大面积 Si 衬底上生长 3C-SiC 是降低成本的理想选择。然而，在实现商业化能力的电子器件开发前，SiC 薄膜的质量还需要进一步改善。此外，还应研究生长条件和工艺参数对立方 SiC（3C-SiC）薄膜热电特性的影响，这些因素包括掺杂水平、薄膜厚度以及衬底类型等。

参 考 文 献

[1] Q. Wahab, A. Ellison, A. Henry, E. Janzén, C. Hallin, J. Di Persio et al., Influence of epitaxial growth and substrate-induced defects on the breakdown of 4H-SiC Schottky diodes. Appl. Phys. Lett. 76，2725-2727（2000）

[2] L. Wang, S. Dimitrijev, J. Han, A. Iacopi, L. Hold, P. Tanner et al., Growth of 3C-SiC on 150-mm Si（100）substrates by alternating supply epitaxy at 1000℃. Thin Solid Films 519，6443-6446（2011）

[3] L. Wang, S. Dimitrijev, J. Han, P. Tanner, A. Iacopi, L. Hold, Demonstration of p-type 3C-SiC grown on 150mm Si（100）substrates by atomic-layer epitaxy at 1000℃. J. Cryst. Growth 329，67-70（2011）

[4] J. Y. Seto, The electrical properties of polycrystalline silicon films. J. Appl. Phys. 46，5247-5254（1975）

[5] M. Mehregany, C. A. Zorman, N. Rajan, C. H. Wu, Silicon carbide MEMS for harsh environments. Proc. IEEE 86，1594-1609（1998）

[6] M. Mehregany, C. A. Zorman, SiC MEMS：opportunities and challenges for applications in harsh environments. Thin Solid Films 355，518-524（1999）

[7] M. R. Werner, W. R. Fahrner, Review on materials, microsensors, systems and

devices for high-temperature and harsh-environment applications. IEEE Trans. Ind. Electron. 48, 249-257 (2001)

[8] L. Chen, M. Mehregany, A silicon carbide capacitive pressure sensor for high temperature and harsh environment applications, in Solid-State Sensors, Actuators and Microsystems Conference, 2007. TRANSDUCERS 2007. International (2007), pp. 2597-2600

[9] C. Dezauzier, N. Becourt, G. Arnaud, S. Contreras, J. Ponthenier, J. Camassel et al., Electrical characterization of SiC for high-temperature thermal-sensor applications. Sens. Actuators, A 46, 71-75 (1995)

[10] H.-P. Phan, T. Dinh, T. Kozeki, A. Qamar, T. Namazu, S. Dimitrijev, et al., Piezoresistive effect in p-type 3C-SiC at high temperatures characterized using Joule heating. Sci. Rep. 6 (2016)

[11] V. Balakrishnan, T. Dinh, H.-P. Phan, T. Kozeki, T. Namazu, D. V. Dao et al., Steady-state analytical model of suspended p-type 3C-SiC bridges under consideration of Joule heating. J. Micromech. Microeng. 27, 075008 (2017)

[12] A. R. M. Foisal, H.-P. Phan, T. Dinh, T.-K. Nguyen, N.-T. Nguyen, D. V. Dao, A rapid and cost effective metallization technique for 3C-SiC MEMS using direct wire bonding. RSC Adv. 8, 15310-15314 (2018)

[13] T. Dinh, H.-P. Phan, N. Kashaninejad, T.-K. Nguyen, D. V. Dao, N.-T. Nguyen, An on-chip SiC MEMS device with integrated heating, sensing and microfluidic cooling systems. Adv. Mater. Interfaces 1, 1 (2018)

[14] H.-P. Phan, D. V. Dao, L. Wang, T. Dinh, N.-T. Nguyen, A. Qamar et al., The effect of strain on the electrical conductance of p-type nanocrystalline silicon carbide thin films. J. Mater. Chem. C 3, 1172-1176 (2015)

[15] A. Qamar, H.-P. Phan, J. Han, P. Tanner, T. Dinh, L. Wang et al., The effect of device geometry and crystal orientation on the stress-dependent offset voltage of 3C-SiC (100) four terminal devices. J. Mater. Chem. C 3, 8804-8809 (2015)

[16] A. Qamar, D. V. Dao, J. Han, H.-P. Phan, A. Younis, P. Tanner et al., Pseudo-Hall effect in single crystal 3C-SiC (111) four-terminal devices. J. Mater. Chem. C 3, 12394-12398 (2015)

[17] H.-P. Phan, T. Dinh, T. Kozeki, T.-K. Nguyen, A. Qamar, T. Namazu et al., The piezoresistive effect in top-down fabricated p-type 3C-SiC nanowires. IEEE Electron De-

vice Lett. 37，1029-1032 (2016)

[18] A. Qamar，H.-P. Phan，T. Dinh，L. Wang，S. Dimitrijev，D. V. Dao，Piezo-Hall effect in single crystal p-type 3C-SiC (100) thin film grown by low pressure chemical vapor deposition. RSC Adv. 6，31191-31195 (2016)

[19] H.-P. Phan，T. Dinh，T. Kozeki，T.-K. Nguyen，A. Qamar，T. Namazu et al.，Nano strainamplifier: making ultra-sensitive piezoresistance in nanowires possible without the need of quantum and surface charge effects. Appl. Phys. Lett. 109，123502 (2016)

[20] A. Qamar，D. V. Dao，J. S. Han，A. Iacopi，T. Dinh，H. P. Phan，et al.，Pseudo-Hall effect in single crystal n-type 3C-SiC (100) thin film，in Key Engineering Materials (2017)，pp. 3-7

[21] H.-P. Phan，H.-H. Cheng，T. Dinh，B. Wood，T.-K. Nguyen，F. Mu et al.，Single-crystalline 3C-SiC anodically bonded onto glass: an excellent platform for high-temperature electronics and bioapplications. ACS Appl. Mater. Interfaces 9，27365-27371 (2017)

[22] T. Dinh，H.-P. Phan，T.-K. Nguyen，V. Balakrishnan，H.-H. Cheng，L. Hold et al.，Unintentionally doped epitaxial 3C-SiC (111) nanothin film as material for highly sensitive thermal sensors at high temperatures. IEEE Electron Device Lett. 39，580-583 (2018)

[23] V. Balakrishnan，T. Dinh，H.-P. Phan，D. V. Dao，N.-T. Nguyen，Highly sensitive 3C-SiC on glass based thermal flow sensor realized using MEMS technology. Sens. Actuators，A (2018)

[24] V. Balakrishnan，H.-P. Phan，T. Dinh，D. V. Dao，N.-T. Nguyen，Thermal flow sensors for harsh environments. Sensors 17，2061 (2017)

[25] D. G. Senesky，B. Jamshidi，K. B. Cheng，A. P. Pisano，Harsh environment silicon carbide sensors for health and performance monitoring of aerospace systems: a review. IEEE Sens. J. 9，1472-1478 (2009)

[26] T.-K. Nguyen，H.-P. Phan，T. Dinh，A. R. M. Foisal，N.-T. Nguyen，D. Dao，High-temperature tolerance of piezoresistive effect in p-4H-SiC for harsh environment sensing. J. Mater. Chem. C (2018)

[27] A. Zubrilov，V. Nikolaev，D. Tsvetkov，V. Dmitriev，K. Irvine，J. Edmond et al.，Spontaneous and stimulated emission from photopumped GaN grown on SiC. Appl. Phys. Lett. 67，533-535 (1995)

［28］ E. Kalinina, N. Kuznetsov, V. Dmitriev, K. Irvine, C. Carter, Schottky barriers on n-GaN grown on SiC. J. Electron. Mater. 25, 831-834 (1996)

［29］ M. E. Levinshtein, S. L. Rumyantsev, M. S. Shur, Properties of Advanced Semiconductor Materials: GaN, AlN, InN, BN, SiC, SiGe. (Wiley, 2001)

［30］ D. Zhao, S. Xu, M. Xie, S. Tong, H. Yang, Stress and its effect on optical properties of GaN epilayers grown on Si（111）, 6H-SiC（0001）, and c-plane sapphire. Appl. Phys. Lett. 83, 677-679 (2003)

［31］ J. Edmond, A. Abare, M. Bergman, J. Bharathan, K. L. Bunker, D. Emerson et al., High efficiency GaN-based LEDs and lasers on SiC. J. Cryst. Growth 272, 242-250 (2004)

［32］ V. Härle, B. Hahn, H. J. Lugauer, S. Bader, G. Brüderl, J. Baur, et al., GaN-based LEDs and lasers on SiC. Phys. Status Solidi (a) 180, 5-13 (2000)

［33］ M. A. Khan, X. Hu, A. Tarakji, G. Simin, J. Yang, R. Gaska et al., AlGaN/GaN metal-oxide-semiconductor heterostructure field-effect transistors on SiC substrates. Appl. Phys. Lett. 77, 1339-1341 (2000)

［34］ M. Shur, GaN based transistors for high power applications1. Solid-State Electron. 42, 2131-2138 (1998)

［35］ S. Madhusoodhanan, S. Koukourinkova, T. White, Z. Chen, Y. Zhao, M. E. Ware, Highly linear temperature sensor using GaN-on-SiC heterojunction diode for harsh environment applications, in 2016 IEEE 4th Workshop on Wide Bandgap Power Devices and Applications (WiPDA) (2016), pp. 171-175

［36］ S. Madhusoodhanan, S. Sandoval, Y. Zhao, M. Ware, Z. Chen, A highly linear temperature sensor using GaN-on-SiC heterojunction diode for high power applications. IEEE Electron Device Lett. 38, 1105-1108 (2017)

［37］ M. Berthou, P. Godignon, J. Millán, Monolithically integrated temperature sensor in silicon carbide power MOSFETs. IEEE Trans. Power Electron. 29, 4970-4977 (2014)

［38］ S. Rao, G. Pangallo, F. G. Della Corte, Highly linear temperature sensor based on 4H-silicon carbide pin diodes. IEEE Electron Device Lett. 36, 1205-1208 (2015)

［39］ S. Rao, G. Pangallo, F. G. Della Corte, 4H-SiC pin diode as highly linear temperature sensor. IEEE Trans. Electron Devices 63, 414-418 (2016)

［40］ G. Brezeanu, M. Badila, F. Draghici, R. Pascu, G. Pristavu, F. Craciunoiu, et al., High temperature sensors based on silicon carbide (SiC) devices, in 2015 International Semiconductor Conference (CAS) (2015), pp. 3-10

[41] M. Othman, A. Brunnschweiler, Electrothermally excited silicon beam mechanical resonators. Electron. Lett. 23, 728-730 (1987)

[42] E. Mastropaolo, R. Cheung, Electrothermal actuation studies on silicon carbide resonators. J. Vac. Sci. Technol. B Microelectron. Nanometer Struct. Proc. Meas. Phenom. 26, 2619-2623 (2008)

[43] B. Svilicic, E. Mastropaolo, B. Flynn, R. Cheung, Electrothermally actuated and piezoelectrically sensed silicon carbide tunableMEMS resonator. IEEE Electron Device Lett. 33, 278-280 (2012)

[44] E. Mastropaolo, G. S. Wood, I. Gual, P. Parmiter, R. Cheung, Electrothermally actuated silicon carbide tunable MEMS resonators. J. Microelectromech. Syst. 21, 811-821 (2012)

[45] T. Dinh, H.-P. Phan, T. Kozeki, A. Qamar, T. Namazu, Y. Zhu, et al., Design and fabrication of electrothermal SiC nanoresonators for high-resolution nanoparticle sensing, in 2016 IEEE 16th International Conference on Nanotechnology (IEEE-NANO) (2016), pp. 160-163

[46] E. Mastropaolo, I. Gual, R. Cheung, Silicon carbide electrothermalmixer-filters. Electron. Lett. 46, 62-63 (2010)

[47] G. Wood, I. Gual, P. Parmiter, R. Cheung, Temperature stability of electrothermally and piezoelectrically actuated silicon carbide MEMS resonators. Microelectron. Reliab. 50, 1977-1983 (2010)

[48] T. Dinh, H.-P. Phan, A. Qamar, P. Woodfield, N.-T. Nguyen, D. V. Dao, Thermoresistive effect for advanced thermal sensors: fundamentals, design considerations, and applications. J. Microelectromech. Syst. (2017)

[49] N. Zhang, C.-M. Lin, D. G. Senesky, A. P. Pisano, Temperature sensor based on 4H-silicon carbide pn diode operational from 20℃ to 600℃. Appl. Phys. Lett. 104, 073504 (2014)

[50] Y. Furubayashi, T. Tanehira, A. Yamamoto, K. Yonemori, S. Miyoshi, S.-I. Kuroki, Peltier effect of silicon for cooling 4H-SiC-based power devices. ECS Trans. 80, 77-85 (2017)